我们一起解决问题

打破墨菲定律

乐观主义者和悲观主义者的不同结局

[美] 苏珊娜·C. 塞格斯特伦（Suzanne C. Segerstrom）◎著

陈铆　阿柔娜　刘莹◎译

M

BREAKING MURPHY'S LAW

HOW OPTIMISTS GET WHAT THEY
WANT FROM LIFE AND PESSIMISTS CAN TOO

人民邮电出版社

北　京

图书在版编目（ＣＩＰ）数据

打破墨菲定律：乐观主义者和悲观主义者的不同结局 /（美）苏珊娜·C. 塞格斯特伦著；陈钿，阿柔娜，刘莹译. -- 北京：人民邮电出版社，2020.6（2024.1重印）
ISBN 978-7-115-53681-5

Ⅰ. ①打… Ⅱ. ①苏… ②陈… ③阿… ④刘… Ⅲ. ①成功心理－通俗读物 Ⅳ. ①B848.4-49

中国版本图书馆CIP数据核字(2020)第048112号

内容提要

基于对积极心理学的深刻研究，心理学家苏珊娜·C. 塞格斯特伦以自己30多年的研究经历，富有成效地挑战了当今社会广泛流行的墨菲定律，这本书具有极高的专业性和指导性。

塞格斯特伦博士揭示了乐观主义者拥有更健康的体魄、更强的韧性以及更美满的人际关系，介绍了每个人都可以习得的乐观主义者获得成功的技巧，旨在指引我们以乐观主义者的心态、方法，打破墨菲定律的禁锢，进而勇于追求自己所渴望的一切。事实上，每个人都能像乐观主义者一样获得成功。读完本书后，即使是最顽固的愤世嫉俗者也将相信墨菲错了。

本书适合所有人尤其是受墨菲定律负面影响的读者阅读。

◆ 著　　［美］苏珊娜·C. 塞格斯特伦（Suzanne C. Segerstrom）
　　译　　陈　钿　阿柔娜　刘　莹
　　责任编辑　曹延延
　　责任印制　彭志环

◆ 人民邮电出版社出版发行　　北京市丰台区成寿寺路 11 号
邮编 100164　　电子邮件 315@ptpress.com.cn
网址 https://www.ptpress.com.cn
北京虎彩文化传播有限公司印刷

◆ 开本：880×1230　1/32
印张：9.5　　　　　　　　　　　　2020 年 6 月第 1 版
字数：300 千字　　　　　　　　　2024 年 1 月北京第 9 次印刷
著作权合同登记号　图字：01-2019-7549 号

定　价：59.00 元
读者服务热线：（010）81055656　印装质量热线：（010）81055316
反盗版热线：（010）81055315
广告经营许可证：京东市监广登字 20170147 号

致我的丈夫，他同时也是
我的律师和最好的朋友

生活本是积极快乐的

墨菲定律一直是一个很时髦的词汇，经常在大众传媒、影视上出现。可能是带有些许悲伤和神秘的色彩，这让墨菲定律这个本来中性的统计学词汇，在心理学中发挥出特色，包含了越来越多的沉重的东西在里面。墨菲定律甚至形成了一种暗示，那些消极的负面的东西总是会跳出来影响我们的幸福生活，即使一开始它们微不足道。

值得庆幸的是，苏珊娜·C.塞格斯特伦（Suzanne C. Segerstrom）博士给了我们一个全新的视角——打破墨菲定律。她以一种流畅的笔法将我们一直所提倡的积极心理学的理念宣扬了出来。她不仅带我们回顾了拥有乐观心态的人更健康，还让我们了解到，乐观与生俱来，乐观可以实践，乐观还可以传染……更难能可贵的是，塞格斯特伦博士给我们展示的经验都有着扎实的科学研究做支撑，这使我们每个人按图索骥地去打破自己的墨菲定律也成为了可能。在翻阅这本书的时候，可能你就会有了实践的想法。

　　或许你会因为已经陷入墨菲定律而怀疑这本书提出的观点。我的建议是，不如你去实践一下，哪怕尝试一小步，比如"睡好、吃好，补充能量"。这并不是在开玩笑，在拿到这本书的时候，新冠肺炎正在祖国的大地上肆虐。这个社会以及社会中的每个个体都正在经历一场如墨菲定律一般的不幸，每个人都在承受着病痛或者因为疫情带来的种种不便，网络上充斥着令人振奋和撕心裂肺的信息……社会是应激的，每个人都是应激的。

　　国之所幸，民之所幸。中国文化历来是不缺乏乐观和积极向上的心态的。在我们为伟大的"逆行者"们加油、为逝去的同胞悼念的同时，坚守自己的防疫抗疫阵地，打破墨菲定律从你的生活开始，等待抗疫阻击战的全民胜利。在这个过程中形成的心理"疫苗"，必会把乐观感染到自己以及你身边每一个人今后的生活中。

　　当然，我也希望读者能从塞格斯特伦博士的书中进一步地对积极心理学进行了解，打破对于积极心理学的刻板印象。借用那句"知道了所有的道理，但还是过不好这一生"，或许这些道理才是那些鸡汤。而积极心理学并不是这些激动人心的说教，而是告诉并引导你如何去思考幸福、去获得幸福，以及去管理你知道的所有道理，最终过好这一生。这也打破了墨菲定律。

　　最后，我还想和大家探讨一个问题。按照墨菲定律的逻辑，你或许还可以把幸福当作小概率事件，然后去认真地寻找生活的意义，通过努力最终获得幸福，这或许也能成为另一种打破墨菲定律的方法。当然，这很积极心理学。

总之，人性本是光辉的，生活本是积极快乐的。

彭凯平

清华大学社会科学学院院长

清华大学幸福科技实验室（H+Lab）联合主席

中国国际积极心理学大会执行主席

相信美好的事情将会发生

我于 1977 年大学毕业后留校，成为了一名大学教师，至今 40 年有余。我经常给予学生积极的肯定，因此也颇受他们的信任，愿意与我探讨一些学业和生活方面的问题。我发现，即使我任教于清华大学，面对的几乎是全国最优秀的学生，但每一个学生都有过学业方面的困惑，诸如学业压力大怎么办，要不要考研，要不要出国，怎么能与导师相处得好；也有很多学生希望在人生发展的关键时刻得到建议，例如，如何和异性交往，是否应该和现在的恋人结婚，如何规划自己未来的职业生涯，还有很多关于家庭、友谊和个人发展的困惑。隐藏在这些困惑背后的问题的本质是相似的：我该如何过好这一生。

这也是我一直以来思考的问题，我将其作为最核心的生命问题（life question）来探索，希望能有一个简单的原则或者答案。数十年间，我观察了我所教过的那些学生，有的学生能够不断突破自己，在学业上总会制造惊喜；有的学生容易摇摆，甚至放弃，很难坚持下去。我发现，学生中最出色的并不是智商最高的那一批人，而是乐观主义者，因为他们始终相信：美好的事情将会发生。

丘吉尔说过："悲观者从每个机会中看到困难，乐观的人在每个困难中都能看到机会。"这一名言对应的生活化版本当属半杯水实验了。桌上有半杯水，悲观主义者会说，只剩半杯了，乐观主义者会说，还有半杯水呢。乐观与悲观本没有好坏之分，它们就像人具有的众多的人格特质或者信念一样存在着。从朴素的感知来讲，似乎积极乐观的人更容易有效解决生活中的问题、更容易拥有良好的人际关系、更容易拥有健康的身心。乐观的人真比悲观的人拥有更幸福的人生吗？谁是乐观主义者呢？乐观可以习得吗？如果我天生就是悲观的人，我就要注定悲惨过一生吗？如果乐观那么重要，对于我们普通人来讲，它如何能让生活变得更好呢？现在，你可以通过阅读本书，亲自找到这些问题的答案了。

本书作者塞格斯特伦博士花了10年的时间去研究和学习乐观主义是什么，通过大量的实验研究和调查研究不断探索，得到了很多有趣且颇有意义的结论，并完成了这本关于乐观的科学著作。我的学生陈钿将它翻译成中文带给读者。如果你认为自己是乐观主义者，阅读本书会让你有机会发现自己更多的潜力以及理解自己的行为；如果你不清楚自己是否是乐观主义者，本书将帮你作进一步的自我探索。如果你认为自己悲观有余而乐观不足，不妨尝试一下书中提到的有关乐观行为的研究，对未来产生更多正向期待。

这本书几乎可以告诉你关于乐观主义者的一切，他们如何面对生活、他们的思维的角度、用什么态度对待目标、如何与人产生联系、他们的弱点，甚至，如何变成他们（乐观主义者）。就像作者认为的那样，"这本书收集了一群乐观和幸福研究科学家的智慧"。

怎样才能拥有乐观的人格？首先需要对未来会发生的事有积极的信念——心理学家称之为"积极的结果预期"。一个乐观主义者会为了实现他所憧憬的美好未来而竭尽全力。他们相信未来是自己可以控制的，"你期待最好的未来，并努力实现它。"这与我对学生的观察非常类似。只有乐观信念的学生可能更容易对人生抱有积极的态度，但是真正可以称为乐观主义者的学生，是同时拥有乐观信念和乐观行为的人。他们不仅期待美好的事情将要发生，也会用自己的努力让美好的事情真正发生。

关于乐观主义你可能和我一样有很多好奇。乐观主义可以遗传吗？作者给出了肯定的答案，乐观主义遵循"基因—人格"原则，25% 是可遗传的。乐观主义者有一种可能被称为"坚持不懈"的本能。在其他条件相同的情况下，乐观让你勇往直前，悲观让你早早放弃。这是因为看到积极结果的能力促进了各种动机，也就相应地产生了乐观的行为。乐观主义者会坚持自己的目标，甚至在需要的时候替换掉自己的目标。乐观主义的反面并不是悲观主义，它们是相互独立的。乐观主义者也有自己的弱点，他们那种"坚持下去"的倾向可能会带来与乐观有关的其他后果，例如在本来无法解决的事情上花费太多的时间。

　　本书的作者塞格斯特伦博士在后记中与读者分享了她的 12 个促进乐观情绪的步骤。我也在此与读者们分享我的 10 项保持乐观的准则：

1. 活在当下，认真对待每天的饮食与睡眠

2. 每一天都有计划和目标，不浪费光阴

3. 相信并运用自己的优势，坦然接受别人的赞美和鼓励

4. 当自己手足无措的时候，停一停，生活可以留白

5. 欣赏自己所拥有的东西

6. 对别人及时表达感谢、感恩

7. 保持行动力，说干就干

8. 遇到困难的时候，面对它并且解决它

9. 丰富自己的体验，保持新鲜感

10. 学习放手

　　当信念不那么容易改变的时候，你自己的行为会让生活美好起来。试问谁不想成为一个积极乐观的人呢？如果让我对如何成为一个乐观主义者做一个归纳，我想正是这六个字：看大势，行小事。期待美好的事情将会发生。

樊富珉

清华大学心理学系教授、

社会科学学院积极心理学研究中心主任

2020 年 1 月 28 日于清华园

译者序

你有多久没有开怀大笑了？生活实苦，你有尝试让自己变得开心过吗？这样想之后，你是否想通过做你最喜欢的事情来让自己开心？真正的幸福和快乐，如何获得呢？

这本书的开篇告诉我们，不试图获得快乐，才能得到真正的快乐；反之，如果你主动追求并记录自己如何获得快乐，结果往往会阻止自己快乐。快乐的人往往不需要设定可以使自己快乐的目标，因为他们已经很快乐了。

当今社会，各种软件（微博、微信、抖音等）、电子设备极大地占用了我们的生活，它们可以给我们即时满足，满足人们感官上和表层精神上对快乐的需求。同样的事件也发生在饮食上，各种奶茶店、糖果、巧克力等甜食可以暂时使我们开心，但从长远看，肚子上的赘肉可能使我们沮丧。即时满足之下，似乎已经让我们不太能够进行深度思考，一旦人们开始拿起书，也许就会哈欠连连。

书中有个观点：快乐与否，可能早已经存在于我们的基因当中。你的基因决定了你的快乐的"反应范围"——也就是说，你生理上能够产生的快乐量——就像基因决定你的身高范围一样。然后，一旦"基因"设定了界限，"后天环境"就决定了你能达到的临界值。经历和基因都会使你快乐或悲伤。那么这对于基因表明是"不快乐的人"该如何改变呢？答案是有自己的爱好，尽量避免使用电子产品。其内在含义是使自己忙碌起来，就不会去想那些不开心的事情。当然，如果说这种忙碌仅仅是想避免不开心的事情，这就有些危险了，毕竟，人终究还是需要直面自己的内心的。假设总体上存在快乐与不快乐的人，快乐的人也会有不开心的时候，其实我们每个人都有一个快乐的"设定值"（set point），这意味着大多数人的快乐水平相当稳定，如果你的情绪偏离了你的"设定值"太远，一些机制会把它带回到其通常的水平。

之前我对于快乐与否的信念来源于这样一句话："笑和哭是邻居，不要笑得太大声，会把邻居吵醒。"这使我变得不能享受快乐，同样也不能很好地沉浸在悲伤当中。看过这本书后，我虽然不清楚自己的基因到底是否是快乐的，但我相信"设定值"，它其实是一种内稳态，快乐就享受这一刻，悲伤也没有什么不好，毕竟，终究都会过去的，生活也会逐渐美好起来。遥记得，1998 年乔丹在终极绝杀后，对他的主教练菲尔·杰克逊（Phil Jackson）说了一句话："我心存信念，我心存信念。"（I have faith, I have faith.）

引用我导师的一句话："学习心理学可以让你心安理得地'堕落'。"这句话的意思是，人性皆有其弱点，心理学揭示人性，当把不可控缺点提升到共性的层次时，我们更能与之和谐共处，达到一种动态平衡，带着这些"缺点"奋斗。

阅读这本书后，你会发现快乐、乐观、幸福的联系与区别，了解这些概念的共性与个性、优点和缺点，乐观主义者可以变得更好，悲观主义者也许可以不那么悲观，而你终究也可以达到一种"平衡"，更加和谐地与自己、他人相处和沟通。

陈钿

2020 年 2 月 19 日

于清华园

目 录

1

5 **第 5 章**

喜忧参半：乐观主义者及其健康

6 **第 6 章**

一切都是美好的，也包括消极的事物：乐观
主义者及其弱点

7 第 7 章

乐观主义者是天生的还是后天养成的：关于乐观性格的再思考

8 第 8 章

保持乐观：乐观主义者与悲观主义者相互转变的可能性

BREAKING
MURPHY'S LAW

0

导言

不要尝试变得开心

你想要什么样的生活？如果让你列一个愿望清单，你会在上面写什么？你想要一辆更好的车、一个更大的家，还是更多的空闲时间？抑或你想要更快乐？

如果你的清单上有一项写着"变得更快乐"（或类似的东西），请删掉它。不要误会我的意思，想要快乐没有错，快乐的感觉很好。很多人的愿望都能在你的清单上找到，例如朋友、权力、美貌、金钱，因为拥有这些会让人感觉很好，并且人们相信拥有这些会让他们快乐。不仅如此，快乐或许还能帮助你实现愿望。快乐的人会更受欢迎（快乐、活泼、热情的人有更广泛的社会关系），会更成功（快乐的大学生毕业后有更高的收入），甚至可能活得更长（快乐的修女是最长寿的）。那么，我们为什么不试着让自己更快乐一些呢？

想象一下，你在工作中度过了糟糕的一天，你感到非常不开心。在回家的路上，你从收音机里听到一场音乐会，演奏的正是你最喜欢的作曲家伊戈尔·斯特拉文斯基（Igor

3

Stravinsky）的作品。"天哪！"你会想，"我要去听音乐会，伊戈尔会让我开心起来，然后我就会快乐了"。于是你买了票，坐了下来，音乐响起，你坐等快乐的到来。

你可能会等很久……

出乎意料的是，如果你没有去那场满心期待能让你振奋的音乐会，那你可能也会变得快乐，但是你想要变得更加快乐的目标妨碍了你。一个关于试图变快乐的影响的实验表明，试图变得快乐和仅仅感知快乐实际上会阻止我们变得快乐。在这个实验中，被试听了斯特拉文斯基的《春之祭》（*Rite of Spring*）。其中一些被试只需要听音乐，另一些被试被告知要通过听音乐使自己开心起来，还有一些被试需要在听音乐时记录自己有多开心。令人惊讶的是，听《春之祭》能增强幸福感的前提是听者：（1）没有试图让自己开心起来；（2）不去记录自己有多开心。当你坐在音乐厅里等着伊戈尔·斯特拉文斯基给你打气时，你实际上是在促使结果与你的预期截然相反。事实上，当你在不断尝试让自己快乐起来，并感知自己是否快乐时，你正在阻止自己变得快乐。

乐趣也是如此。还记得 1999 年的千禧年庆典吗？除夕之夜你过得有多开心？这是我们一生中最大的新年前夜，所以这不是最有趣的吗？如果你和大多数人一样，你会回忆那一天发生的事情，即使你的准备和计划可能比往常的除夕夜更详细，但你却没有拥有更多的乐趣，反而可能会失去乐趣。① 研究表明，花更多时间和金钱来度过一个美妙的千禧年除夕的人，实际上比那些根本不怎么努力的人获得了更少的乐趣，似乎太努力找乐趣肯定会让你扫兴。

另一个需要从清单上划掉获得快乐目标的原因是快乐的人通常不会把"更快乐"列在他们的目标里。一个包含"变得积极""变得快乐""保持良好的态度"等目标的列表可能表明列表的人目前并不是很快乐或很积极。也许这是显而易见的：快乐的人已经很快乐了，所以他们没必要设定让自己变快乐的目标。另一方面，它可能不是那么明显。想想如果你用健康代替快乐会发生什么。健康的人已经很健康了，但是他们经常有固定的计划来保持健康，例如每周跑步几次或做其他锻炼。快乐不同于健康，因为大多数快乐的人并没有特别设定与保持快乐相关的目标。他们不会在早上醒来时想着如何让自己在一天当中保持快乐，也不会像健康的人醒来时想着如何开始每天的跑步。斯特拉文斯基和新年前夜的研究表明，快乐的人不会为了获得快乐而制订计划，这是对的，因为如果他们制订了计划，他们可能会变得不那么快乐。要想真正变得更快乐，你必须抛弃让自己快乐的想法。

---

① 你记不记得那天晚上发生的事情取决于你当时喝了多少香槟。请和我一起回忆。

远离电视

在你停止追求快乐之后，你应该停止尝试去挥霍你的时间。人们认为如果有更多的空闲时间他们就会更快乐，但拥有空闲时间的效果被高估了。看看美国人的生活在过去的一个世纪里发生了怎样的变化，我们拥有的财富和闲暇时光超过了上几代人最疯狂的想象。洗衣机、汽车、航空旅行、电脑、电视，我们有更多的时间和更健康的体魄来享受我们的休闲时光。在美国出生的儿童的预期寿命每年都在增加。新的药物可以控制感染，改善我们的爱情生活，甚至像某些药物可以降低胆固醇一样，我们也可以通过丰富的饮食和享受休闲时光来弥补对健康的损害。然而，尽管有了这些进步，但今天的美国人普遍没有比 50 年前更快乐。50 年前，美国人总是要手工洗碗，那时也没有所谓的衣物免熨技术。

事实上，空闲时间本身并不是问题，关键是人们怎样利用空闲时间。美国人平均每天看好几个小时的电视，电视在许多人的生活中所占的比重超过了日常生活。例如，在 2000 年的总统选举中，大约有 5 000 万年龄在 18 岁到 44 岁之间的美国人参加了投票。大约有 2 400 万处于同一年龄段的美国人将票投给了当红的美国偶像。当电视节目深刻影响到公民对政府举办的投票活动的选择时，你不得不怀疑电视是不是占据了太多美国人的生活。

如果我真的关掉电视，我丈夫可能会和我离婚。[①]尽管如此，我还是不能忽视这样一个事实：电视是日常活动的精制糖，而美国人在这两者上都消费得太多了。糖会给人们带来一个问题：当你吃一块糖的时候，大量的糖会涌入你的血液。过了一会儿，大量的胰岛素就会冲进你的血液来加工糖分。不幸的是，胰岛素来得太晚了，大部分的糖已经转移了。胰岛素最终必须清除所有残留的糖，结果是你的血糖很低，感觉反胃和饥饿，你就会想要吃更多的糖来让你的血糖升高，由此整个恶性循环就形成了。

糖的作用具有讽刺意味；也就是说，它们的实际效果与你的预期相反。你想让自己不那么饿，不那么反胃，结果却感觉更饿、更反胃。电视也有类似的效果，但这次是对快乐感而不是饥饿感的影响。你看电视是因为你想要娱乐、放松、参与一项活动——你想要快乐。不幸的是，尽管看电视可以让人放松，但它只是间歇性的娱乐，无法让人们真正融入其中。所以，你最终会感到无聊，这让你觉得自己应该看更多的电视……后果可想而知。每个人都需要一点时间来看电视，或者也可以不看，就像每个人偶尔都需要一点糖一样。你假定少量

---

① 我坦率地承认，我的房子里至少有 3 台电视机，我们还有 1 个卫星接收器，最初的目的是接收所有 9 412 个大学橄榄球和机动车比赛的频道（主要是房车赛，也有校车赛和骑行割草机比赛）。自从我发现了它还能接收大学学术研究的频道后，我仿佛发现了新的机遇。世界需要各种各样的智力超群的人来不断取得突破。

的糖能给自己带来好处，但渐渐你会觉得多吃一点糖肯定会更好，而此时问题就随之出现了。我保证长时间坐在电视机前吃着甜食最终并不会让你快乐。

不幸的百万富翁

虽然很多人认为富人一定是幸福的，但我们必须将金钱列入并不会让自己快乐的清单里。尽管美国的财富在过去 50 年里翻了 3 倍，但美国人的生活满意度并没有提高，而且抑郁症的患病率在惊人地上升，尤其是在更年轻一代中。在人均国民生产总值超过 1 万美元的国家，财富对生活满意度几乎没有影响。因此，在生活中金钱确实买不到幸福。平均来说，经常出现在《福布斯》杂志上的最有钱的美国人并不比一群宾夕法尼亚的阿米什人更幸福，而后者的生活中没有喷气式飞机，没有名牌鞋，没有整形手术，甚至没有电视机。在关于生活满意度的评分中，在 1 ~ 7 分的范围内，这两类人的平均得分都是 5.8 分，7 分代表对生活最满意。一个国际大学生样本（平均 4.9 分）中的大学生几乎和加尔各答贫民窟居民（平均 4.6 分）一样幸福，尽管他们的财富存在巨大差异。

在如此不同的情况下，人们怎么能同样快乐呢？人们有很强的适应能力，这种现象被称为"心理免疫系统"

（psychological immune system）或"享乐适应症"（hedonic treadmill）。两天前，我欣喜若狂，因为我买到了只剩下最后一件适合我的裙子。但今天，我没有之前那么快乐了。虽然我很期待穿上这条裙子，我也很高兴自己拥有了它，但我的情绪没有那么高涨了。

"心理免疫系统"的一个更引人注目的解释是，将那些经历过能让所有人都非常快乐的事情（如彩票中奖）的人与那些经历过能让所有人都非常不快乐的事情（如在一次事故中瘫痪）的人进行比较。关于普遍幸福的报告很能说明问题。图 0-1 显示了他们如何评价自己在过去、现在和未来的快乐程度，以及他们从日常活动中获得了多少快乐，例如和朋友聊天、得到赞扬或买衣服。量表中的最低评分代表"一点也不快乐"，最高评分代表"非常快乐"。不出所料，事故受害者认为他们现在比过去少了一些快乐（尽管看起来他们对过去有一种执念，但实际上他们在过去并没有他们想象中那么快乐），而中彩票者认为他们现在比过去更快乐。然而，这两组人与那些没有中过彩票也没有在事故中瘫痪的人没有太大的区别。即使是最不幸的事故受害者也比两者都没有经历者更幸福。尽管这三组人的快乐程度非常相似，但显而易见的是，中彩票者从日常活动中获得的快乐最少。中奖的狂喜似乎使他们失去了日常生活中的乐趣。

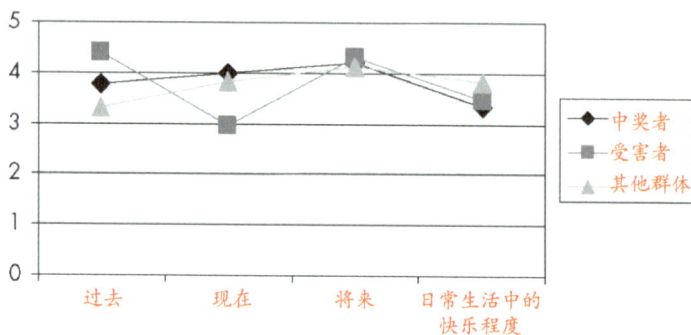

图 0-1 彩票中奖者、车祸受害者和没有经历过这两件事的群体的
快乐程度对比

难怪购物并没有使我们变得更快乐。一件新毛衣会让你高兴一阵子，但不会持续很长时间。两件新毛衣不会比一件新毛衣更让你开心。从长远来看，价值 100 万美元的新毛衣根本对你的快乐起不了什么作用。

不要因为我快乐而恨我

如果快乐是一件好事，但试图直接通过努力或间接通过挥霍自由时间或收入并不能得到快乐，那我们应该怎么做？这里有一个人的例子，我认为他找到了快乐的秘密。虽然我只和他谈了几分钟，但我清楚地记得他给我上的一课。几年前，我在新奥尔良参加完一个会议后，在酒店的酒吧里等着和几个朋友共进晚餐。坐在我旁边的是一位年长的绅士，他问我来新奥尔良做什么（参加一个健康研讨会），以及我的工作是什么（研究乐观和健康）。然后，他和我分享了他的快乐处方。乐观和快乐并不是一回事，但这位先生却恰恰指出了理解乐观的关键。对他来说，快乐的关键是要做些事情。他说下班回家后有自己追求的爱好，坦率地说，细节并不那么重要，他明确表示，对他来说，真正重要的是避免看电视，因为整晚看电视只会让他感到无聊和烦躁。他想要一直做一些事情，这种忙碌的生活才能让他感到快乐。

另一种可能性是这个人天生就是快乐的，所以他做什么并不重要。我们都知道有些人在大部分时间里都很快乐，而有些人会因为一张停车罚单（甚至都不需要停车罚单）而烦恼一整天。他们的快乐或不快乐似乎来自他们内心的某个地方，即使快乐的人也可能会暂时悲伤或难过，但他们会很快好起来，而不快乐的人正好相反。这种现象导致研究快乐的研究者提出，每个人都有一个快乐"设定值"（set point）。设定值意味着大多数人的快乐水平相当稳定。我们可以把设定值想象成汽车的恒速控制系统，它是一个负反馈回路，它能使车速出现偏差后很快回归到设定值。如果我们把车开得太慢，恒速控制系统就会给它供应更多的油；如果我们把车开得太快，恒速控制系统就会减少汽油的供应量。该系统总是试图将车速恢复到设定值。同样，如果你的情绪偏离了你的"设定值"太远，你自身的系统就会把它带回到通常的快乐水平。

　　一个潜在影响"设定值"的机制是基因。很明显，你的快乐程度的一个重要来源是遗传。如果你总体上是一个快乐的人，那么你就拥有一些快乐的基因，如果你总体上是一个不快乐的人，显然你拥有一些不快乐的基因。你的基因决定了你的快乐的"反应范围"——也就是说，你生理上能够产生的快乐量——就像基因决定你的身高一样。然后，一旦"基因"设定了界限，"后天环境"就决定了你能达到的临界值。经历和基因都会使你快乐或悲伤，同样，就像小时候喝牛奶或苏打水会和基因一样影响你的身高（至少根据妈妈的说法，是这样的）。

　　然而，现在开始因嫉妒而讨厌快乐的人还为时过早，好像只有他们拥有这种快乐的特权一样，而其他人只能渴望拥有快乐，这种讨厌快乐的人的想法，可能是一种逃离设置点的行为。为了摆脱一个设定值，人们必须拥有某种正反馈循环系统，换句话说，这类似于通过利用某种机制使一辆快速行驶的车的行驶速度变得更快。

　　乐观就是这样一种机制。许多人把乐观和快乐等同起来，但二者实际上不是一种感觉。乐观是对未来的信念。非常乐观的人相信更多的好事会发生在他们身上，事情会朝着他们期望的方向发展，并且相信未来是积极的，而不确定性恰恰给好事的发生提供了机会。乐观的信念建立了一个积极的反馈循环，因为正如本书的其余部分内容所揭示的那样，越乐观的人，就越有可能体验到他们所憧憬的积极未来。乐观的人能从日常生活中得到更多的快乐，他们更能适应生活中的跌宕起伏，他们有更好的人际关系，他们甚至可能更健康。反过来，这些积极的结果自然会使人们对未来抱有更积极的期望，那就是乐观。一名乐观的运动员会倾向于实现他的目标，并且会更加坚信自己可以成功。一位乐观的老师会得到学生们的青睐并以此增强对自己执教能力的信心。快乐是实现目标的副产品，乐观的人的快乐程度可能会随着时间的推移而增加。

认为乐观的人是快乐的观点并不是完全错误的，因为大多数乐观的人比大多数悲观的人更快乐。然而，仅仅因为乐观的人是积极的，就认为他们是快乐的观点可能是完全错误的。在很长一段时间内，我认为乐观的人所具备的最重要的特点是他们的积极态度，特别是他们对未来的积极态度会保护他们免受目前的压力的折磨，因为他们会认为未来是美好的，所以当下的挫折对他们来说也没有那么糟糕。讽刺的是，这个观点让我怀疑自己是否足够乐观。当我发表了乐观与免疫系统的关系的研究（我的主要研究领域）后，电视台、广播节目、《纽约时报》、当地的报社以及我的大学校友新闻通讯[1]都采访了我关于研究中的心理健康和幸福感方面的问题。在我接受过的许多媒体采访中，当我被问及乐观与健康或免疫系统之间关系的不同方面时，有一个问题似乎总是出现：你是一位乐观主义者吗？

我好不容易才回答了这个问题。我觉得自己太熟悉用来衡量乐观的标准了，以至于无法诚实地回答问题。我可以想象自

---

[1]　俄勒冈州波特兰市的刘易斯和克拉克学院。

己面对其中一个问题时，会对自己说："我想我是 4 分。我应该圈出 4 吗？大多数人会圈出 4 分……3 分也可以接受，但这是否会使我显得过于悲观？我已经圈出了几个 4 分了？有 5 分的吗？到目前为止我的分数是多少？"所以我不能真实地接受问卷调查，因为我对自己的答案太敏感了。想象一下，如果你可以决定你的体重秤上显示的数字，那么你的体重能有多准确？

我也很难说我是一个非常乐观的人，因为我不是一个无忧无虑的人。我也不能问心无愧地展现出愉快的情绪和微笑。虽然我会经常感到非常高兴，经常微笑，但我也有脾气暴躁、急躁和忧心忡忡的一面。因此，当有人问我是否是一个乐观者时，我总是支支吾吾地说我无法诚实地回答，而且总是回避这一问题。

几年前这种情况开始有所改变。我开始思考乐观主义的其他含义，也就是说乐观不仅意味着愉快、微笑、无忧无虑。这是由一个意想不到的发现引起的：在我的一项研究中，一些乐观主义者的免疫参数比那些悲观主义者的要低。我观察了这些乐观主义者是否也不快乐，但他们通常都很快乐，因此我必须找到对这种差异的其他解释。这导致我做了一系列的研究，以证实乐观者的一些不同之处。研究表明，不同之处在于他们实现目标的方式，乐观主义者认为他们的目标是可以实现的。他们更专注于自己的目标，并且不会轻易放弃。在追求目标的过程中，他们甚至会给自己的身体施加压力。一旦开始以这种方式思考乐观主义，我就可以很容易地界定乐观主义者的定义。

我们每个人都有乐观的一面，但有些人有乐观的信念，而有些人则没有。乐观或悲观是人格的一部分，人格是心理的一部分，随着时间的推移会趋于稳定，因此也很难被改变。此外，乐观只是与某种程度上的快乐和健康相关的人格维度之一。性格外向的人更快乐，怀有敌意的人不那么快乐；安全型的人更快乐，神经质的人不那么快乐。这是很有趣的，但是如果你想要逃离设置点，那就会相当困难。许多人格因素本质上是遗传的，而其他因素（如安全的关系类型）在早期经历中有其来源，但人格在个体成年后不太可能被轻易改变。成年后，人格的很多方面对你有利也有弊。

乐观主义也遵循"基因—人格"原则，25%是可遗传的。然而，我研究乐观主义的时间越长，我就越相信乐观主义的好处只是部分来自于乐观性格。也就是说，拥有乐观的信念只是开始，你必须通过不断付诸实践来获得幸福。这些乐观信念能使乐观主义者的生活更美好，因为它们使乐观的人以特定的方式行事。

乐观主义者通过乐观的行为进入了正反馈的循环。如果你正在寻找一种方法来逃脱乐观设置点，并朝着由基因决定的心理和身体上都处于健康状态的方向前进，你会很乐意去做乐观的事情。

在深入研究非常乐观的人教我们如何克服我们的设置点，战胜我们的心理免疫系统，摆脱快乐水车理论之前，我将先简单介绍一下本书。这些年来，有很多关于乐观主义的说法。如果你采取这些说法中最极端的一种，你可能会认为乐观意味着你再也不会有不开心的一天，并且你可能就会这样活下去。悲观主义者请振作起来，因为这不是真的①，第6章将乐观带来的潜在危险和现实的脆弱区分开来，这一章就是为你准备的。

　　一个人该怎么理解和运用乐观主义？我不会讨论科学理论和哲学，也不会讨论研究设计。这些主题需要相关书籍来专门讲解。我在这里提出的证据是基于发表在同行评议期刊上的科学研究。我想你会发现科学比极端的主张更有趣——它当然也更复杂，研究就像检验一个好主意的厨房。当然，面包配杏干听起来不错，但是当你真的做出来了之后会发生什么呢？你该加几个鸡蛋？贝蒂·克劳克（Betty Crocker）的食谱中不会包括蛋糕的配方，除非它能在各种家庭厨房中被使用。你可以相信贝蒂的蛋糕配方，你可以自信地认为，这里提出的关于乐观主义的想法反映了它在现实世界中的运作方式，它同样在你身上也会发挥积极作用。

---

① 否则，我们可能会期望三分之一左右的人口会永远快乐、享受永生，但这显然是无法实现的。

1

第1章

半满的杯子、半空的杯子，
还是需要清洗的杯子：
乐观的性格

如果有一位记者问你是否是一个乐观的人，你会说什么？卫生间的体重秤显示的重量总是比你正常的体重要轻，所以人们在厕所里放体重秤属于乐观的行为，但除了是否会做出这种行为之外，这可能是一个很难回答的问题，每个人对乐观主义的认知是不一样的。就像我在新奥尔良的朋友一样，人们有时把乐观和幸福等同起来，有时用乐观来表示对生活的总体积极态度或对未来的希望。另一方面，心理学家对乐观主义的定义更严格，仅指信念，而非情绪。研究风险评估（例如你比一般人遭遇事故的概率更大还是更小）的人认为乐观主义是一种乐观偏见，研究因果信念（例如是什么引起了那次事故）的人基于乐观和悲观的归因对乐观主义进行定义，研究人格的人认为乐观主义是一种性格乐观。最后一种观点——乐观是一种人格特征——是本书重点关注的。

每个人都有自己的性格，但你怎么知道自己有某种特定性格（例如乐观）呢？如果你上周五晚上去参加了聚会就代表你拥有外向型人格吗？如果你上周五晚上打扫了你的橱柜，就代表你拥有强迫型人格吗？如果你上周五晚上在酒吧打架了，就代表你拥有好斗型人格吗？大多数人会对以上问题持否定观点，因为人格的概念不仅仅意味着你如何度过一个夜晚。第一，人格必须是从人的内心产生的。如果你平时讨厌聚会，但上周五因为有人强迫你所以你去参加了，那么这种行为不能代表你的人格改变了。第二，人格意味着一种行为模式，而不仅仅是某一次出现的行为。也许你平时是个邋遢鬼，但因为周六你妈妈要来看你，所以你会打扫你的橱柜。我们也不会称这种行为是人格。另一方面，如果你一天清理三次橱柜，那你就有强迫型人格的可能性。第三，很多生活中的细节都会对个体的人格产生影响。如果你曾经在酒吧里打架，对其他司机做出侮辱的手势、骂人、踢猫，或者和老板吵架，那么大多数人会认为你拥有好斗的人格。

怎样才能拥有乐观的人格？首先，我们需要对未来会发生的事有积极的信念——心理学家称之为"积极的结果预期"。你不能仅仅对下周五晚上在酒吧打架的潜在结果有积极的信念就说自己拥有乐观的人格，因为人格意味着一种固定模式，你必须对多种不同的情况有乐观的信念；也就是说，那些"积极的结果预期"必须"泛化"在生活的多个领域。最后，要想拥有一种性格特质，你的乐观信念必须随着时间的推移保持稳定。如果你是性格乐观的人，你几乎肯定会在周五和周一拥有相同的乐观信念，而且你的信念可能在未来几周、几个月甚至几年的时间里几乎不会改变。

事实上，在我研究乐观主义的十周年纪念日上，我决定找出乐观主义"性格"到底有多稳定，我通过联系之前参与实验的被试，观察了他们的乐观主义是否发生了改变，以及改变的程度。到目前为止，有一半的被试提供了反馈，他们的乐观的稳定性程度的结果是显著的。我在研究中使用的乐观量表具有相当高的信度，如果这个人的性格不改变，统计数据结果会显示量表有高度的一致性。在这种情况下，如果测量乐观量表两次，而潜在的乐观根本没有改变，你可以预期这个量表会有72%的一致性。我的被试在1994年的乐观量表得分与2005年的实际一致性部分为36%。这意味着一半的潜在一致性实际上维持了10年。从另一个角度来看这些数据，如果我们将稳定性定义为乐观量表上的变化小于等于10%，那么近2/3的被试具有稳定的乐观性格。如果你的大学室友是那种憧憬未来会充满成就和成功的人，那么她很可能在10周年的同学聚会上拥有同样的想法。如果你不幸和一个叫"屹耳"（Eeyore）的人共处一室，他只能看到"布满乌云的天空"（参见第4章，你将明白为什么这对你来说是一个不幸的组合），如果他预测十年后的生活依然使其绝望，请不要惊讶。

你是波丽安娜还是屹耳（或者两者都是）

考虑到性格乐观的持久性，你也许会被鼓励说你可能是乐观的。当我向人们发放调查问卷来测量他们的性格乐观程度时，大约 80% 的人可以被归类为拥有乐观性格的人，而很少有人是真正悲观的，我在 1 700 多份问卷中只看到一个人被判定为绝对悲观主义者，这意味着这个人非常同意所有悲观的说法（例如对于"任何好事都不会发生在我身上吗？"这一问题，他的回答是"这是肯定的"）并强烈反对所有乐观的说法（例如于对"我通常期待最好的吗？"这一问题，他的回答是"一点都不"）。相反，我发现有很多绝对乐观主义者，绝对乐观主义指人们强烈反对所有悲观的表述，而强烈同意所有乐观的表述。大多数人都是乐观主义者，只是程度不同而已。当你看图 1-1 时，你可以看到乐观者是如何占据蛋糕中最大的一块的。

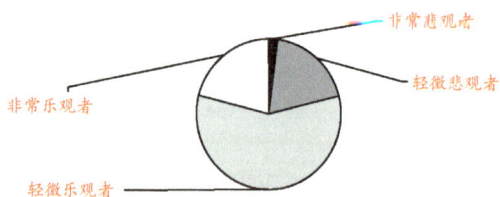

图 1-1　在我的研究中乐观主义者和悲观主义者的占比

注：大多数人——80%——多少有些乐观或过于乐观。

你的性格乐观程度来自你对以下 2 个问题的回答。

1. 你有多么坚信未来会有好事发生？

2. 你有多么坚信未来会有坏事发生？

如果你坚信好事会发生在你身上，而坏事不会发生在你身上，你就是非常乐观的人；如果你坚信坏事会发生在你身上，而好事不会，那么你就是非常悲观的人。你的性格如何？如果你想具体了解自己的性格，你可以为每个问题打分。在问题 1 中，给自己打 1 分表示"一点也不相信"，打 3 分表示"有点相信"，打 5 分表示"非常相信"。如果需要，你也可以选择偶数（例如，"一点也不相信"和"有点相信"之间的数字 2）。在问题 2 中，给自己打 1 分表示"非常相信"，打 3 分表示"有点相信"，打 5 分表示"一点也不相信"，如果你愿意，也可以选择偶数。现在求这 2 个数的平均值，如果你的平均值在 1 和 2 之间，你可能非常悲观；在 2 和 3 之间，你可能有点悲观；在 3 到 4 之间，你可能有点乐观；在 4 到 5 之间，恭喜你，你非常乐观，你很可能会让自己周围的悲观主义者抓狂。

具体来讲，非常乐观意味着当你思考自己生活中的工作、人际关系、爱好，甚至你的目标（像变得更健康或更加宽容）的时候，你可以很容易地想象自己获得了想要的东西，虽然你知道不是所有事物都会变好，但你认为机会对你有利。一位性格乐观的女性在搬到一个新城市后写信给我，信的内容完美地表达了她的性格："我将会喜欢这里，我想念我的朋友，但我知道我会在这里遇到新朋友，只是需要时间而已，我也很期待我的新工作。"

相反，非常悲观意味着当你想到那些对你而言非常重要的事情时，你很难想象自己会获得想要的东西，你绝对不会认为事情会朝着如你所愿的方向发展。与前一位女士相比，另一位女士告诉我："一切似乎都很顺利，但我无法摆脱失败的感觉，我认为一定会有什么东西把事情搞糟。"她甚至不相信她现在的一切都很好，更不相信将来情况会有所改善。

在对你一无所知的情况下，我认为你属于"比较乐观"的那一类人，因为大多数人都是这样的。"比较乐观"的性格是由较大程度的乐观（好事会发生）和较小程度的悲观（坏事会发生）组成的。大多数人都意识到他们的未来有好有坏。然而，这2种关于未来的信念之间的关系异常复杂，因为你对美好事物的期待程度并不一定与你对糟糕事物的期待程度相反。你可以有本质上并没有关系的乐观和悲观，因为你对问题1的回答并不一定决定你对问题2的回答。少数人实际上既非常乐观又非常悲观。这些人相信他们会在杂货店买到一张能中奖的彩票，然后在回家的路上会被一辆大拖车撞倒。如果你用"极其相信"来回答问题1和问题2，你就是既非常乐观又非常悲观的人。

其他人既不是很乐观也不是很悲观。这些人显然相信在他们身上不会发生任何非常有趣的事情，无论是积极的还是消极的。他们相信自己不会被大拖车撞倒，但另一方面，他们也不认为自己会中彩票。如果你在回答问题 1 和问题 2 时选"不是很相信"或"一点也不相信"，那么你就是既不是很乐观也不是很悲观的人。

大多数人都有一种在潜意识里认为自己会中彩票（乐观多于悲观）或者认为自己会被车撞死的（悲观多于乐观）人格，所以这些预期是耐人寻味的。一个人既相信自己可能中奖，又相信自己可能被一辆车撞倒，这到底是一个乐观主义者还是一个悲观主义者，想想就特别有意思。因为我们把乐观的好处和期待积极的事情会发生联系在一起，那么一个喜欢碰运气的人可能会期待收获一些好处，因为他确实期待积极的事情会发生。如果你认为自己的孩子会荣登光荣榜，你认为他们有可能弄坏你的车的想法还有什么大碍吗？也许积极的期望比消极的期望更重要。如果对积极事件的预期超过了对消极事件的预期，那么无论你的悲观程度如何，保持乐观都是很重要的。参考图 1-2，想一想你是哪一类人？

图 1-2　你是乐观主义者、悲观主义者还是验光师

注：来自卡通银行网站的米克·史蒂文斯（Mick Stevens）2005 年纽约客作品集。

同样，一无所有的人也可能期望通过期待负面事件不会发生而获得好处。如果你不指望自己的孩子会毁掉你的车，那么这是否和你不指望他们上光荣榜有关？如果你不承担预期负面事件的成本，你还拥有预期正面事件的收益吗？如果对消极事件的预期超过了对积极事件的预期，那么无论你的乐观程度如何，避免悲观都是更重要的。

几年前，我发表的一篇研究论文的副标题为"乐观和不悲观哪个更重要？"我用这个问题总结了以上难题。在这项研究中，我跟踪调查了一组阿尔茨海默病患者的护理人员。虽然许多阿尔茨海默病患者的病情严重时最终会在专业护理机构接受治疗，但在整个过程中，许多非正式的护理是由家庭成员和其他非专业护理人员提供的。这些护理人员为正规的卫生保健系统节省了数百亿美元，但他们为此付出了很大的代价。照顾一个患有痴呆症的人，尤其是那些无法照顾自己的人，例如走失、迷路或变得充满敌意和焦躁不安的人，可能会引发严重的问题，例如使照料者患上抑郁症。在这项研究中，悲观程度轻是经历最少的焦虑、压力和抑郁的看护者的特征。做一个对什么都不感兴趣的人总比做一个中彩票又被车撞的人好。

很明显，对这些看护者来说上述道理很适用。毕竟，在他们的亲人的病情方面他们最关心的是病情恶化方面的问题。像康复这样的好事情与他们似乎没有太大关系，因为阿尔茨海默病是一种进行性疾病，它只会随着时间的推移而恶化。治疗只能延缓疾病的恶化。另一方面，这些研究人员还研究了许多不照顾患有阿尔茨海默病的亲人的人，并发现他们可能都不知道如何应对亲人在未来面临不可逆转的病情恶化的情况。这样的结果证明：没有照顾患病亲人的人会有更多的焦虑、抑郁和压力等悲观情绪。更多的乐观情绪将无济于事，除非伴随着更少的悲观情绪。

那么，问第一个问题有什么意义呢？为什么我们称之为"乐观主义"？为什么不直接问第二个问题，然后把它叫作"悲观主义"？

焦虑、压力和抑郁只是情感生活的一面。就像乐观和悲观一样，积极的情绪和消极的情绪是相互独立的。你在一周内经历了多少快乐、幸福和得意，并不会与你在同一周内经历了多少沮丧、焦虑和愤怒有必然联系。虽然看似快乐的一周也应该是不焦虑的一周，但事实上快乐的一周也可以是令人焦虑的，因为焦虑和快乐的情绪是由不同的事件引发的。积极的成就和惊喜（例如，买了一张中奖的彩票）会带来快乐，它们可能与引发压力和焦虑的担忧和威胁（例如，被汽车撞）没有任何关系。在一周的时间里，我们所遇到的一系列复杂的事件和情况都会让你产生复杂的情绪①。即使你因为父亲与阿尔茨海默病的

---

① 一些专门研究情绪的心理学家认为，你甚至可以同时感受到积极情绪和消极情绪，即混合情绪。他们举了一个半开玩笑的例子：那个令人恼火的老板开车掉下了悬崖……但他开的是你的新捷豹。哪种情绪占主导地位取决于你对你老板的恼火程度有多强烈，以及你的捷豹的保险有多完善，但从理论上讲，在特定时刻你往往处于对其爱恨交织的状态。

对抗而感到沮丧，你也能感受到来自家人围坐在餐桌旁或在工作中你的项目受到称赞所带来的快乐、满足和幸福。

我们不能仅仅通过焦虑、压力和抑郁来判断乐观主义的相对优点，因为这样做会描绘出一幅不完整的情感生活的画面。诸如此类的消极情绪只揭示了悲观主义和其他消极人格特质的影响，如神经质，它是悲观主义的"近亲"之一。神经质的人容易受到伤害，对挫折的容忍度低，无法处理复杂的情况。理所当然的是，考虑到他们的弱点，他们也会经历更多的负面情绪，包括焦虑、抑郁和敌意。如果你认识一个人，他在情感上很脆弱以至于你不愿意告诉他任何坏消息，那么这个人的人格特质很可能是神经质。有消极情绪的倾向是神经质的特征，以至于神经质很可能被称为"不快乐的人格"。悲观主义和神经质的表征很相似，因为它们有共同的"朋友"——消极情绪。悲观主义是消极情绪（如抑郁和焦虑）的很好的预言者，因为悲观主义意味着期待负面事件的发生，这与消极情绪息息相关，这也正是神经质人群的特征。

如果你想知道一个人在焦虑、抑郁和压力面前的脆弱程度，那么只需要弄清她的悲观和神经质的程度就可以了。如果你想知道一个人有多大可能经历负面情绪的另一面——快乐、满足和幸福——那么你只需要知道这个人有多乐观就可以了。乐观主义与悲观主义或神经质分别生活在不同的街区，它们的近邻是一种称为"外向性"的人格变量。外向的人热情、多情、精力充沛、情绪高昂、性格开朗、乐观。你认识的那个总是爱笑、准备出门度过美好时光的人充满了外向性。如果说神经质是"不快乐人格"，那么外向性就是"快乐的人格"。乐观的人期待积极事件会发生，这与积极的情绪有关，这是外向性人群的特征。

如果乐观主义预示着我们情绪中的一半是快乐的，那么为什么研究表明，在情绪健康方面，关注悲观主义比乐观主义更重要呢？这可能只是因为心理学界认为关注消极情绪比积极情绪更重要。自从心理学在世界大战期间开始专门研究创伤后遗症的问题时起，该领域就开始着重关注功能障碍、痛苦和疾病。虽然生活中积极的方面，例如幸福，目前越来越受到人们的重视，但在某种程度上对快乐的研究被人们忽视了。当你只看到对精神健康的威胁——例如焦虑和压力——的时候，关注悲观主义似乎比乐观主义更重要。上述研究中并不包括幸福感等积极因素，在大多数考察人类为何会感到不快乐的心理学研究中也没有包括这些方面的内容。然而，一位做关于阿尔茨海默病护理者研究的人员推测："如果我们研究了积极的结果，乐观主义可能是幸福感的更重要的预测指标。"悲观、神经质、消极情绪，以及乐观、外向性、积极情绪的关系如图1-3所示。

如果经历快乐、满足和兴奋等积极情绪对人而言与避免抑郁、焦虑和敌意等消极情绪一样重要，那么乐观与悲观同样重要，那么你对问题1和问题2的回答对你的情感生活也是同等重要的：拥有更多的乐观情绪应该主要与诸如幸福之类的积极情绪相关，而拥有较少的悲观情绪应该与避免产生诸如焦虑之

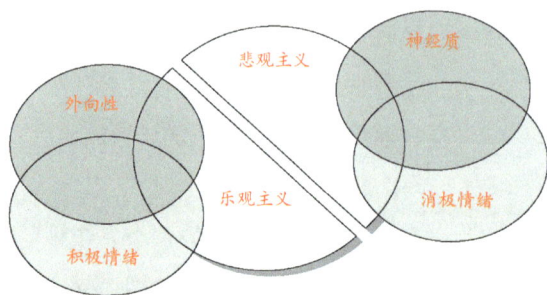

图 1-3 悲观与神经质及消极情绪相互交织，
而乐观与外向性及积极情绪相互交织

类的负面情绪相关，一项对海军新兵的研究证实了这一点。当年轻的新兵期待未来会发生好事情时，他会有更多的积极情绪，而如果他期待坏事情会发生，他会有更多的消极情绪。虽然在某些情况下，成为一个"一无所有"的人看起来是有好处的，因为你可以避免产生与悲观有关的焦虑情绪，但与此同时，你也失去了乐观带来的快乐，而这种快乐发生在同时拥有乐观主义和悲观主义的人身上。①预期你的孩子进入荣誉榜会激发你的积极情绪（例如，希望、自豪），预期他们撞坏汽车会激发你的消极情绪（例如，恐惧、愤怒）。这两种情绪并不能互相抵消，它们对你的情绪都有直接的影响。

---

① 在确定了乐观和悲观的情绪都很重要之后，我将重新使用乐观、性格乐观和乐观人格这三个术语来描述乐观和悲观相结合的情况。此外，在之后几章的内容中，乐观和悲观的区别将变得越来越不重要，因为它们可能对乐观主义和幸福之间关系的大部分机制作出了同样的贡献。

一个关于 1 000 万美元的问题

如果你想拥有一种积极情绪多于消极情绪的情感生活，你可能会认为中 1 000 万美元的彩票是一个好的开始。事实上，拥有乐观的人格是比中彩票更好的选择。因为心理免疫系统——享乐适应症——的设定值的问题（"快乐水车" / 享乐适应症：这是经济学家的一个比喻，指人们不断殚精竭虑地工作，将自己逼得半死，以追求其实并不能带给他们更多快乐的生活方式。因为心理学家认为基因会决定一个人快乐的水平，即使一件事情会使个体变得快乐或者悲伤，但经过一段时间后，他的快乐程度还是会回归到稳定值的状态），这 1 000 万美元会让你享乐一段时间，但它给你带来的幸福感最终会消失。但是，由乐观主义等人格特征为你带来的快乐会一直持续下去。

这一有关价值 1 000 万美元的问题的关键在于：为什么？究竟为什么 1 000 万美元远不及人格对人的影响大呢？人们已经显示出了适应许多事物的强大能力，从微不足道的小刺激（例如买一件新衣服，甚至吃巧克力——第一口总是最棒的）到最高刺激点（例如结婚——能增强幸福感的最好的事，能让人幸福好几年）。如果从长远来看，生活中可能发生的最美好的事情也不会使你变得更快乐，那么你为何不培养一种对未来保持乐观的信念呢？为什么乐观性格会让人年复一年地感到快乐？换句话说，为什么乐观性格能带来比 1 000 万美元更持久的幸福感呢？令人惊讶的是，心理学几乎没有能回答这个问题的研究，尽管无法适应自己的个性可能是摆脱享乐适应症的关键。如果我们能明白为什么人们对拥有乐观的性格并不麻木，那么同样的机制也能帮助人们持久地拥有美好的感觉。

关于你是否能拥有持续变化的快乐程度这一问题，宿命论的观点等同于"设定值"观点，尤其是设定值是由基因决定的观点。大多数人格特征都由基因决定——高达 50%——所以设定值的论点是这样的：如果你有快乐的基因，那么你就会有快乐的人格，你就会快乐，反之亦然。这一观点得到了行为遗传学研究的支持，这些研究收集的越来越多的证据表明基因能影响心理健康。一个极好的例子就是引人注意的 SLC6A4 基因。该基因影响血清素系统，即抗抑郁药靶向的系统。具体来说，SLC6A4 基因是一个基因系统的通道，这个基因系统可以制造携带血清素进出细胞的蛋白质。事实证明，有些人有短通道，有些人有长通道，这个基因通道就像机场跑道一样，越长越有用。如果你有幸（更确切地说源于拥有好父母）得到 2 个长的通道，对你来说，像关系破裂或工作压力这样的事件有 1/2 的概率会导致你被负面情绪困扰，而拥有 2 条短通道的人有 1/3 的概率会考虑或试图自杀（有长短各一条通道的人介于这两者之间）。

其他神经递质也会影响幸福感。例如，伽马氨基丁酸

（GABA）能让人冷静下来，多巴胺会令人感到愉快。人格可能是基因所塑造的，基因会影响这类神经递质在水平或功能上的长期差异。例如，抗压能力强的人会产生血清素，寻求刺激的人会产生多巴胺。因此，"设定值"观点认为，基因决定了你的神经递质系统的功能，而这种功能的性质决定了你的人格和健康。虽然生活事件可能会暂时扰乱你的设定值，但最终你会回归本质，因为基因没有变化，所以幸福感也不会有持久的变化。

　　尽管如此，人们还是想知道，拥有更高水平的神经递质会不会影响长期幸福感。毕竟，当这些神经递质以药物的形式被注射时，大脑有时会适应它们。也就是说，有时注射一定数量的神经递质所产生的效果会随着时间的推移而变得越来越弱，因此需要越来越大的剂量才能达到同样的效果。想想那些服用安非他命的人。安非他命对情绪有非常明显的积极作用，因为它能促进多巴胺的释放，从而使人产生快感。你可以说多巴胺使"高的设定值"变成"更高的设定值"。然而，随着时间的推移，越来越多的安非他命才能达到同样的效果：也就是一种叫作"耐受性"的现象。刺激其他神经递质系统同样会产生抗药性，有时这种作用是消极的，但有时也会产生积极的效用（抗抑郁药物在血清素中对性别产生的副作用也会随着时间的

推移而消失)。[1]

大脑产生的神经递质类似于服用药物产生的物质，就像自然界的气候和洒水车的关系一样。因为大脑中的神经递质是复杂的而且是能进行自我调节的，它们的组织可能会阻止你对自己的神经递质产生耐受性，这就是为什么你不会对自己的人格脱敏。尽管如此，耐受性的现象表明，拥有更多的血清素并不是乐观的人一生中免受压力和抑郁折磨的唯一原因。

无论如何，并不是所有的乐观都是遗传的。事实上，基因所占的比例——约为 25%——低于包括"快乐"和"不快乐"在内的大多数人格维度的占比。外向性，即"快乐的人格"，大约有 54% 是遗传的；神经质，也就是"不快乐的人格"，有48% 是遗传的。某种程度上，乐观的人并不一定遗传了快乐的基因，但他们却很快乐，而且这种快乐会持续很长一段时间。

乐观主义及其短暂的历史

为了找出乐观是如何在那些不一定拥有快乐基因的人身上

---

[1] 耐受性并没有发展到实际的抗抑郁作用，因此，对于治疗或预防进一步的抑郁，使用高剂量的药物通常是不必要的。有时在大脑中发生的一些事情是为了应对抗抑郁药物的变化，因为在某些情况下，突然停止服用药物会引发一种戒断综合征，包括头晕、刺痛、易怒、颤抖和腹泻等症状。幸运的是，产生耐受性和导致戒断反应可能并不会影响抑郁水平。

创造快乐的，回顾一下期望行为的研究历史是很有意义的，它不是在性格乐观主义这个概念出现时产生的。早在 20 世纪初，心理学家就开始研究期望对动机而不是情绪的影响。一个人对结果的期望越高，她就越有动力去实现目标。例如，相信自己比别人跑得快就会增强你在比赛中全力以赴的动力。相信自己可以升职，会增强你努力工作的动力。我们有时需要积极的期望，这就需要我们不仅相信自己能够做得更好，而是可以做好任何事情：如果你相信暴露疗法可以治愈你的恐蛇症，^①你就会有动力，否则你永远不会在治疗中接近或触碰蛇。如果你不相信与蛇接触会对你有帮助，你就很难理解自己为什么要这么做。

此外，在这项研究中，预期相对于结果而言通常是特定的。如果你想知道人们对锻炼的积极性有多高，你就得知道他们期待锻炼后会发生什么变化。例如，一个人是否具有很高的预后效能，或是否存在一种将行为与特定结果联系起来的期望方式？也就是说，他是希望通过锻炼减肥还是延长寿命？如果事实如此，这样做运动的人比结果效能低的人更有可能达到减肥和延长寿命的目的。总的来说，这项研究的重点是关于预期信念（例如升职、治愈恐惧症、减肥）如何影响人们为了未来能达到预期而做些事情的（例如更努力地工作、触摸蛇、锻炼）。

在这一项研究中，没有人将成为积极或消极的人当作一件

---

① 　在大多数情况下是可以的。暴露疗法是治疗恐惧症最有效的心理疗法之一。

重要的事。

乐观主义的底线

从某种意义上说，所有关于快乐与不快乐、积极与消极、乐观与悲观的东西都是无关紧要的。不管杯子是半满还是半空的，它都需要被清洗、擦干，然后被放进橱柜里，乐观会影响你是否有动力去做这件事。

为了让你们知道我认为的乐观主义的根源是什么，我会举一个关于两位法律系一年级学生的例子，他们是我长期研究乐观主义如何影响心理健康和免疫功能的被试。请看关于律师必备笑话的注释。[①]读法学院的第一年是压力非常大的一段时期，许多学生认为这是他们经历过的压力最大的阶段，很多事情都会给他们带来非常大的影响。举两个重要的例子，第一学期的成绩很大程度上决定了在接下来的暑假中谁能得到好工作的机会。乐观和悲观的学生对这种经历的反应是不同的。以下是对

---

① 为什么心理学家应该拿律师而不是实验鼠来做研究：（a）律师的数量更多；（b）有一些事情是实验鼠不会做的；（c）心理学家接触实验鼠有一定的风险。谨此向律师道们歉。你可以替代被你看不起的职业选择，包括心理学家。

两名法律系一年级学生的采访内容。[①]

　　问：到目前为止，你在法学院过得怎么样。

　　答：一开始还不错，我的学习节奏很好，但后来我开始有点退步，我有些被竞争气氛吓到了，变得停滞不前，直到最终考试前两周我才恢复状态。因此，在期末考试期间，我感觉自己的精力被法学院消耗殆尽了，但在考试前两个月，我甚至感觉法学院对我的生活都不重要了。就像我说的，在学期开始的时候我学了很多，但是当我开始放弃的时候，我开始给自己增添更多的压力，因为有太多知识点需要去学习。当我不学习的时候，我有更多的时间去思考法学院的压力有多大，去思考这是否是我真正想做的事情。但我现在开始后悔自己会有这样的想法，因为我没有做得像我希望的那样好。我想在法学院所面临的最大的压力源自担心自己会随时被逐出这个圈子。

　　问：到目前为止，你在法学院过得怎么样？

　　答：有一定的压力，但我觉得我一直都是那种在学习过程中鞭策自己的人。我每天晚上都回家看书，可能一直看到入睡为止，我总觉得自己可以做得更

---

① 在本书中，我将给你一些真正的乐观主义者和悲观主义者的例子。当事人的真实身份的信息已经被我改写了，但这些都是我身边的真人真事。

多——我可以学习更多的东西，我可以列出更多的学习任务。我享受所有的课程，我热爱学习，所以我从未有过遗憾的感觉，这种感觉从未改变。这很刺激，但我想它会让我筋疲力尽。如果我开始觉得自己落后了，那么我就会开始为自己设定目标，并说："好，到这个周末，我要为考试做这么多准备，我要将在课堂上学到的知识转化成学习成果。"当我在12月参加考试的时候，我带着一种满足感离开，因为我觉得我真的能够充分应用过去3个月学到的知识，这对我来说是有意义的。我清楚自己的付出和收获，在某种程度上，我知道如何在实践过程中运用知识。这些是非常值得的。

第一名学生的乐观分数排在最后10%，第二名学生排在前10%。他们在法学院都不是特别开心。第一名学生的悲观没有让他看起来那么沮丧，第二名学生的乐观也不会让他看起来那么无忧无虑。尽管如此，他们对待法学院压力的方式仍然非常不同，这与他们如何解决遇到的困难有关。悲观的学生通过退缩、反复思考、逃避现实和最终取得不理想的成绩来应对困难。乐观的学生通过设定目标、制订计划、投入学习并最终获得回报来解决困难。二者之间关键的区别不在于学生是积极的还是消极的，而在于努力和不努力。

这并不是说努力程度不会影响幸福感。事实上，在本书中，我想说的是，从乐观到幸福的道路很大程度上是通过投入、更努力地尝试，以及其他类似的行为与态度来实现的。请注意，这两位学生应对法学院压力的方式并没有保护任何一位免受压力，也没有使任何一位的压力加重：他们都谈论了自己所经受的压力。有一天，当我走进实验室时，黑板上写着这句话："成功和失败所需要的压力是一样的。"虽然这句话很好地描述了这两位法律专业学生经受过的压力，但它并没有具体说明这两种压力之间的区别。悲观的压力来自于多虑和退缩，最后以后悔而告终。乐观的压力来自协调一致的、长期的努力，最终能使个体感到满足和获得回报。

　　既然成功和失败所需要的压力一样多，那么"乐观"的压力不是更好吗？ 为什么人们会经历"悲观的"压力？答案并不奇怪：因为他们是悲观主义者。回顾乐观主义的动机历史，期望正是决定你付出更多努力还是更少努力的真正原因。积极预期——乐观——能增强动机和使个体付出更多努力，而消极预期——悲观——会削弱动机并使个体不再努力。这么说很有道理：为一个无论如何都不会成功的未来付出巨大努力又有什么意义呢？你可能会付出更多努力去得到你认为最终会给你带来回报的东西。一个相信自己会成功的法律系学生会比一个不相信自己会成功的法律系学生更愿意投入时间学习并面对激烈的竞争。对一个相信自己不能成功的学生来说，尽管最终他会非常遗憾，但他认为似乎拒绝努力更有"意义"。如果你认为孩子们会毁了你的车，你还会花很多钱买一辆新车吗？ 如果你认为自己不会变得更强壮或更苗条，你还会花很多时间锻炼吗？你该如何花精力撰写一本你认为永远不会出版的小说？当然你不会这么做，那些悲观的人也不会这么做。对他们来说，把时间、金钱、精力或努力投入到前景暗淡的未来似乎是不合理的。

变幸福的方法比变快乐的更多

我那乐观的法律系学生似乎并没有洋溢着无忧无虑的快乐，但这是否会让她的生活变得消极呢？还有其他的标准能衡量乐观的好处吗？专注于与乐观有关的积极和消极的研究（尤其是情绪方面的）太狭隘了。幸福不仅仅是快乐，我想大多数人会意识到，一直保持快乐并不是他们在生活中真正追求的东西——还有另外一种幸福的层面是"快乐"无法涵盖的。

快乐、愉悦和其他积极情绪通常被归为用于衡量心理幸福程度的因素，很明显，经常保持好心情有助于情绪健康，这比负面情绪令人感觉更好（即更愉悦）。然而，一些心理学家（以及一些非心理学家）认为，幸福比快乐更重要。例如，亚里士多德认为，真正的幸福不是感觉良好，而是"满足感/心盛幸福/更有意义的质感型幸福"（eudaimonia，"eu"是"善"的意思，"daimon"是"精神"的意思，指因理性而积极的生活所带来的幸福）。也就是说，通往幸福的道路不是通过快乐而是通过真实的自我。显然，人们需要的不仅仅是快乐——他们需要投入到生活、与他人交往、成长和成为自己命运的主人中去。[①] 幸福感（有时也称"心理上的幸福"）不仅与你有多快乐有关，还与努力做事、发挥潜能、人际关系良好和个人不断成长有关。幸福感（Eudaimonia）字面上的意思是做最好的自己。

快乐和幸福之间的微妙差别是否暴露了我的不真诚呢？因为我说过看电视不会让你快乐。这取决于你对快乐的定义。如果你在看一些有趣的东西，你可能会笑到流眼泪，这肯定会让你感觉良好，使你的幸福感增强。但另一方面，它不会给你提供很多机会去让你保持最佳状态或让你获得幸福感。你的最好的自我的部分可能是爱笑的，但我希望你的最好的自我不会停滞不前。希望你的最好的自我也富有创造力、同理心或智慧。但是在看电视时我们很难锻炼最好的自我。

一些倡导幸福感的理论家通过强调有时快乐给人们带来的不利影响来强调幸福感与快乐的区别。亚里士多德认为快乐是"庸俗的"，心理学家艾瑞克·弗洛姆（Erich Fromm）认为

---

① 这并不是说人们需要完全独立地行动，甚至控制生活的方方面面，而是说他们要么保持控制权，要么主动放弃控制权。像"掌握"和"自主"这样的词有时会被解释为"独立"，但这种解释是不正确的，因为你是独自行动还是与他人一起，与你是否是自己的主人是两码事。你可以按照自己的意志和价值观与一群人一起前进，获得掌控权和自主权；相反，你也可能被强迫去做这件事，而且这么做会违背你的价值观，损害你的掌控权和自主权。

快乐可能是有害的。这些观点表明，当你成为最好的自我时，你是不会有乐趣的。幸运的是，这个想法似乎主要存在于理论中，因为在现实生活中，做最好的自我肯定很有趣。虽然享乐和幸福是可分离的，但拥有更多幸福感的人，例如拥有与他人相处融洽的能力、满足日常生活需求的能力以及认识自己的能力的人，往往是最幸福的人。他们也恰巧是最不可能拥有神经质人格和最多外向性的人，这讲得通，因为你会发现神经质的人的日常需求和沟通感情方面很难被满足（这倾向于降低他们的幸福感），并且常常被消极情绪困扰（使其不快乐），而外向的人更善于交际，能更加积极地面对挑战（倾向于增强幸福感）也更快乐（倾向于提高享乐程度）。

另一种人格特质也被认为能表示个体拥有强烈的幸福感和快乐，但与"快乐"或"悲伤"人格类型无关，那就是尽责性。在关于蚱蜢和蚂蚁的寓言中，有尽责性的类型就是蚂蚁：能干、有组织、有抱负、勤奋、坚持不懈。无尽责性的类型（有时被称为"无目标的人"）就是蚱蜢：粗心、易分心、懒惰、无耐心。尽责性不像神经质和外向性那样直接与幸福感相关。但它指出了一种人们通过努力工作和坚持不懈来获得更多的幸福感的方法。如果你回顾期望和乐观主义的研究以及动机的根源，就会发现尽责性也与乐观主义有关。乐观的人就像有尽责性的人一样，他们比悲观和无目的的人更有动力而且目标更明确。更重要的是，积极的期望能增强个体努力工作的动机，而消极的期望会使动机减弱，所以这两种期望都与尽责性有关。乐观的人更像蚂蚁而不是蚱蜢；更像乌龟而不是兔子。

　　如果问乐观的人为什么有更高的幸福水平，我认为最明显的原因是外向性，即他们是更积极的人。不太明显的原因是尽责性：他们是更执着的人。乐观的人所做的似乎对他们在提升自己的幸福感方面非常重要。

摆脱享乐适应症

　　如果我们了解乐观主义者是如何做的，我们就能明白并不仅仅是他们的人格特质促使他们获得幸福感。通常情况下，我们习惯于当下自己所拥有的。一件新毛衣、一个手袋、一台电视机或一艘电动船并不能长久地为我们带来积极情绪，因为它们总是一成不变的。另一方面，我们的目标、动机和努力程度都在不断变化。

　　一项研究"终极幸福感"的研究：福流的感觉为我们揭示了专注于一个目标是如何为我们带来快乐的。当一个人将自己的技能完全投入到一项有挑战性的任务中时，无论是建一座塔、演奏一种乐器、做一项运动、分析数据或做手术，福流都会出现。此时，意识似乎已经消失，人们完全沉浸在自己所做的事情中。即使人们在福流过程中体验到了他们的终极幸福感，他们在完成任务的过程中也不会去想它，因为他们被自己正在做的事情深深地吸引住了。当你的技能正好能够使你很好地完成任务或目标时，你就会体验到福流。完成这个任务并没有远低于你的极限技能水平，但也没有超出你的能力范围。如果一个初学烘焙的人想要做"阿拉斯加烤饼"（Alaska）的话，他会体验到焦虑而不是福流，因为他只有烘焙巧克力曲奇的水平。一位有成就的钢琴家在演奏《一闪一闪小星星》时会体验到厌倦而不是福流。

你可能有过这样的经历：你觉得自己通过充分而完美地运用自己的技能，付出了大量精力，并完全投入到你正在做的事情中。如果你是一名音乐家，你可能在演奏一首自己所熟练的曲子时就已经体验过福流了；如果你是一名运动员，你可能会有一天处于"最佳状态"，在这一天你似乎不会迈错任何一步。福流可以发生在几乎任何涉及目标和技能的领域中——下象棋、烹饪或写作。你顺利地完成了你的任务，真正地运用了你的技能，你处于福流状态，那不是很好吗？

福流现象是一个具体的例子，它说明了"投入带来幸福感"这一普遍原则。我们从这个一般原则可以推出两个子原则。第一个原则是，目标和挑战的范围是无限的。我们都有很多种追求幸福的途径，我们也有很多种方法去实现目标。就好像你有一整柜不同的包一样，如果你厌倦了某一个，还有成千上万个不同类型、不同尺寸、不同颜色的包等着你去挑选。

第二个原则是，即使是相同的目标，如果它的要求可以随着你的技能而改变，它也可以成为幸福的持久源泉。以高尔夫为例，许多人终其一生都能从中找到乐趣。当 1 000 万美元不再能为我们带来乐趣的时候，打高尔夫是如何为我们带来乐趣的？因为打高尔夫是一个持续的挑战。除非你将高尔夫球打进了世界上的每一个高尔夫球场的每一个洞中，否则你追求完美的意愿会使你的球技不断提升。在这种情况下，电视不能在人们追求幸福感方面作出实质性贡献是完全可以理解的，因为看电视几乎不需要任何技能。除非你在做一些不寻常的事情，例如通过看外语节目来挑战你的翻译技能，否则你永远不会在看电视的时候处于福流状态。

如果你在做一些不寻常的事情，
你可以在看电视的时候达到福流状态

注：来自卡通银行网站的杰克·齐格勒（Jack Ziegler），版权所有。

　　乐观能带来更多的幸福感是因为它提升了人们对生活目标的投入度，而不是因为一些乐观者拥有而其他人没有的灵丹妙药。这就是我在导言中提到的新奥尔良的例子对理解幸福是如此重要的原因。他更快乐，是因为他在忙着做自己想做的事，所以他无须担心。

BREAKING
MURPHY'S LAW

第 2 章

坚持不懈的本能：
乐观主义者及其目标

正如我在第 1 章 "乐观主义及其短暂的历史" 中所述，在乐观主义被当作人格特质来研究之前，心理学家们的兴趣点在于积极或消极的期望是如何影响动机和毅力的。他们会在研究过程中通过暂时改变被试的期望，使被试在一定程度上更加乐观或悲观，并观察被试的动机和毅力是如何变化的。如果你参加了其中一项研究，你会被告知要完成两个任务。在第一个任务中，你必须将随机排列的字母组成合理的单词（例如，将 "YRIGCN" 变成哭泣 "CRYING"）。你不太可能做得很好（字谜难度非常大），这将导致你得出这样的结论：你不太擅长字谜（至少实验者是这样希望的）。然后你会被告知完成下一个任务：画复杂的线形图案，你会被告知这与你在完成任务的过程中的能力有关或无关。这是实验的关键部分，因为如果你相信这些任务是相关的，你会认为自己将再次失败。也就是说，你会对即将需要完成的任务持有悲观态度。如果你相信这些任务是不相关的，你会更期望成功，你会对即将需要完成的任务持有乐观的态度。

如果你是这些实验的正式被试，当你相信字谜和画线游戏需要用到不同的技巧时（也就是说，你是乐观的），你完成第二个任务的动机和毅力就会明显增强。通常情况下，你会比那些被告知在第一个任务（字谜游戏）中失败并在完成新任务（画线游戏）时使用相同技巧的人多工作约20%的时间。此外，如果实验者曾使你相信完成字谜和画线游戏需要使用相反的技能（例如，"当人们在一个游戏中表现得糟糕，他们可能在下一个游戏中做得很好"），效果甚至会更具戏剧性：你可能会比那些认为这两个任务需要利用相同技能完成的人多工作约50%的时间。如果你被告知自己在第一个任务中表现良好，然后被告知第二个任务的预期表现，这种戏剧性的效果也会发生——你将比在第一个任务中表现糟糕的人多工作约40%的时间。

如果你考虑在一项任务上多花40%~50%的时间，那么对完成工作的乐观预期这一因素具有惊人的潜在影响。如果你做75个而不是50个仰卧起坐，你的腹肌会变得更结实，并且也会使你更快拥有完美的身材。这一点很重要：之所以会产生这种影响，不是因为你对自己的腹肌有积极的想象，而是因为你的积极思想改变了你的行为。

测量乐观人格

当我开始意识到乐观可能不是指成为一个积极的人而是与动机和坚持有关时，我想重新回顾我在前文中提到的实验。这次，我不是要通过操纵人们对其技能的信念来使其产生乐观和悲观情绪，我想知道的是，人们性格的乐观程度是否会以同样的方式影响他们？当时，我的实验室里有一个本科生叫丽丝·索尔伯格·内斯（Lise Solberg Nes），她想做关于乐观主义的研究。丽丝读了我在加州大学洛杉矶分校读研究生时写的一篇关于乐观主义的论文，她把这篇论文拿给她的导师看，问怎样才能深入了解到我在加利福尼亚大学洛杉矶分校所做的有关乐观主义的研究。幸运的是，丽丝的导师明确地告诉了她我在肯塔基大学的新办公室的地址。丽丝作为本科生研究助理加入了我的实验室。随后我们展开了一段时间的交流和讨论。我们从 20 年前开始的持续性研究入手，观察性格乐观主义是否和个体期望一样有效。

在丽丝的研究中，我们并没有给人们设定预先的任务，即给他们积极或消极的预期，而是用问卷来测量他们天生的乐观程度。然后，他们要解一系列不可能答对或很难答对的字谜。因为我们没有严重的施虐倾向，所以我们只给出了一个不可能猜出的字谜。[1]剩下的10个"仅仅"是困难的（没有人全部答对，大多数人只答对了5个）。问题是，那些通常持有积极预期的人，也就是更乐观的人，会比那些通常持有较少积极预期的人，即更悲观的人，在字谜上花更长的时间吗？

确实是这样的。悲观性格的人在字谜上花了约9分钟，然而乐观性格的人花了约11分钟。这种差异在第一个不可解的字谜中尤为明显。平均而言，悲观的人在放弃之前会多努力约1分钟，中度乐观的人会多努力1.5分钟，非常乐观的人会多努力2倍的时间（超过2分钟）然后再选择放弃。

这项研究和早期的实验研究都表明，乐观主义者有一种可能被称为"坚持不懈"的本能。在其他条件相同的情况下，乐观让你勇往直前，悲观让你早早放弃。这种本能——坚持或放弃——会给乐观主义者和悲观主义者带来各种心理和生理上的后果。心理上的后果和社会后果是本章和第3章、第4章的讨论目标。身体上的后果在某种程度上使事情变得混乱，我将在第5章讨论这一主题。

---

[1]　如果你在网络搜索引擎中输入"不可解的字谜"，你会得到很多心理学研究的结果。为什么心理学家对字谜如此着迷？从实验者的角度来看，字谜游戏的一个好处是，你几乎不可能通过观察一个字谜来判断它是可解的还是难解的，直到你真正解开它为止，因此，不可解的字谜可以让一位坚持不懈的人长时间工作，而不会使其发现字谜是不可解的。另一方面，当你在渴望持续性测量和避免过度挫伤被试的自信中进行权衡时，你必让被试解决一些问题。在这些研究中，我和丽丝让人们解开了一些字谜，然后我们根据语言能力（例如，反映在标准化考试分数上）对字谜解决方案以及解决字谜对持久性（毕竟，你可以随时放弃）的影响进行了统计分析。这种方法将乐观对毅力的影响与语言能力和解决方案数量的影响分开。

持久的本能、成功和快乐

　　虽然心理幸福程度——快乐或不快乐——不是持久性研究的重点，但持久性本能与快乐有关。在我的研究中，大多数被试都没有体验过完成难度大的字谜游戏的乐趣，也不认为它能让他们心情愉悦，这恰恰使这项任务的难度加大了。尽管如此，让乐观者在困难的任务上花费更长时间的本能可能是他们拥有更强烈的幸福感的原因。乐观和坚持之间的关系预示着幸福。

　　若想要理解为什么持久性会带来快乐，我们就需要对自我调节有基本的了解，即一种决定一个人去工作而另一个人去高尔夫球场的机制。人类的自我调节与恒温器的温度调节有许多共同之处。恒温器有一个目标（达到一个理想的室温）和一个状态（显示实际的室温）。自动调温器会通过与人类所需的温度进行对比后采取行动来减少理想温度和实际房间温度之间的任何差异：如果房间太冷，就给它加热；如果房间太热，就给它降温。与此同时，恒温器通过测量室内温度来了解其行为的后果。当差异足够小时，它可以减小工作力度；如果差异仍较大，它将继续工作来减小差异，如图 2-1 所示。

　　虽然从物理角度看，恒温器与人相差甚远，但从心理角度看二者却惊人地相似。人有对现实的感知——自己是谁、拥有

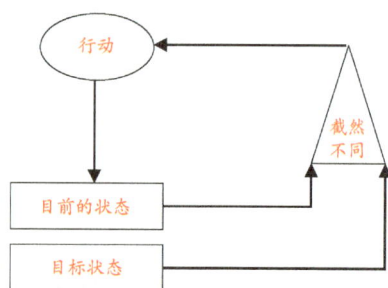

图 2-1　自我调节的循环

　　恒温器会比较室温（当前状态）和设定温度（目标状态），当二者不一样的时候，恒温器会主动采取行动让房间变冷或变暖。同样，人类会通过比较来决定他们目前的状态（例如，体重约为 80 斤的体弱者）是否达到了他们的目标，如果没有，就采取行动去达到目标。

　　什么，或者感觉如何。二者也有同样的目标——达到现在不想要但将来想拥有的状态（健康）或达到某种其他状态，或者是现在想要并且将来想要持续拥有的状态 。他们也可能为了避免在未来出现一种不想要的状态（生病）或感觉（沮丧）而设定目标。在当前的存在状态和目标状态经常不同时，差异就出现了。当人们注意到存在差异时，他们就会有动力去减少差异，并采取行动接近目标。如果你的目标是在工作中取得进步，你可以把周六上午的时间花在办公室，而不是花在高尔夫球场上；如果你的目标是在高尔夫比赛中表现更出色，你可能会花一个周三上午的时间在高尔夫球场，而不是在办公室。对你来说，把你的时间花在你的职业或你的高尔夫比赛上，就像在一个寒冷的房间里打开暖气：让你目前的状态更接近你的目标状态。

　　就像恒温器一样，如果你的目标是指导你的行为，你必须意识到并监控现实情况和目标之间的差异。当你不注意的时候，你体内恒温器的各个组成部分——目标状态、当前状态，以及它们之间的差异（例如，当前高尔夫水平和目标高尔夫水平之间的差异）——并不会引起你的重视，你也没有动力去减少任何差异。自我意识能让你进入反馈的循环，并使你步入正轨。在各种字谜和画线的研究中，只有当人们也有自我意识时（实验者让他们坐在镜子前完成任务，或者他们天生就有很强的自我意识），乐观才会增强他们的持久性。没有自我意识，乐观就不会增强持久性。事实上，当他们还没有自我意识的时候，乐观的人往往会比悲观的人更早放弃任务。没有人能完全解释这种逆转，但有一种可能性是乐观者是在保护自己的情绪。一般来说，乐观与积极的情绪有关，研究证据表明，处于积极情绪中的人通常会采取行动来保持这种情绪。因为困难的任务通常不会给人们带来积极的情绪，所以一个拥有积极情绪的人在没有充分意识到这样做的好处（即减少差异并达到目标）的情况下，可能不太愿意去做这样的任务。

　　模糊的自我意识对行为的影响不仅在实验室里很明显。你是否曾经在喝了几杯酒之后做过什么事？酒精的其中一种影响是会减弱自我意识。它是一种很好的社交润滑剂，因为喝酒的人在一定程度上失去了自我意识，从而减轻了他们的拘束感，使他们在与他人的交往过程中不那么拘谨。喝酒也使人们更少关注他们的反馈循环和目标。喝了几杯酒后，关于节食、学习或跳舞的决心以某种方式消失了，随后我们的体重、行为或丑态百出的照片常常使我们后悔不已。

我们还有一步要做，那就是让人类行为和恒温器几乎等同。我们现在必须给人们配备仪表。恒温器有温度仪表来跟踪差异和变化，人们也有仪表：情绪。情绪的主要功能之一就是提醒你目前的状态如何。我的车出了问题（例如，我的雨刷剂或汽油用完了）时就会发出"嗡嗡"声。情绪是大脑发出的相当于蜂鸣器的信号，而像恐惧和愤怒这样的基本情绪，可能是在事情变得非常糟糕时发出的信号。例如，恐惧可能表示个体基本的生存目标受到了剑齿虎的威胁，而愤怒可能表示其他史前人类正在掠夺长毛象的兽皮。我们的目标和生活正在变得越来越复杂，我们的情绪也变得越来越复杂，但情绪仍然有所谓的"信号价值"，它会告诉我们，我们正在做什么。情绪与恒温器发挥着相似的作用，它预示着你的目标和你现在的状态之间的差距有多大。当你消除这一差距的时候——例如，你想成为学校董事会的一员，你被选上了——你的情绪可能会从满意变成高兴然后是得意。当差距没有缩小时——你由于与竞争对手之间的较大差距而落选——你可能会感到沮丧、焦虑，甚至愤怒。

坚持不懈的本能所带来的成就

坚持不懈使你更有可能在实现一个目标的过程中取得成

功，缩小当前状态和期望目标之间的差距，获得快乐的回报。乐观者在实验中对字谜和画线任务的坚持不懈在他们实现目标的过程中是非常有利的。然而，实验中的情况并不能代表日常生活中的情况。当你在参与实验的时候，你并不总是能得到很多线索。你可能不想在实验者面前表现得不擅长画线，但这和你喜欢的人来吃晚饭时你不想表现得不擅长做饭一样吗？另一方面，你没有选择做字谜或画线——这些任务是实验者强加给你的。在你的生活中可能也有一些事情是你不得不做的（交税），但是实验室之外最重要的任务是你自己选择的。在这种情况下，动机以及乐观对动机的影响可能会大不相同。

幸运的是，我和丽丝很快就有机会将我们在实验室中的发现应用到现实世界中。当丽丝在我们心理系的荣誉日上展示她的字谜研究结果时，本科生导师菲尔·克雷默（Phil Kraemer）也在现场。菲尔是一位心理学家，他主要研究动物的例如实验鼠学习能力。现在他主要在肯塔基大学担任学院院长。和其他院长一样，菲尔的担心之一是学生对待学业的态度和行为上的持久性，当他听到丽丝的演讲时，他非常感兴趣的是，乐观是否与大一新生成功入学并顺利读大二，或是他们的大学教育梦想是否破灭有关。菲尔主动提前向所有参加夏季咨询会议的新生发放乐观问卷。我和丽丝欣然接受了这个机会。对我们来说，这是一个深入研究的机会，我们不仅要研究一小部分人，还要检验乐观主义对很多人的大目标的影响。碰巧的是，丽丝被肯塔基大学录取为心理学博士生，所以她选择了大一新生作为她硕士论文的研究对象。

菲尔说到做到，他向大约 1 800 名新生发放了乐观问卷。一年后，我们检验了他们在入学前的乐观态度是否可以预测他们在大一的表现和坚持不懈的程度。对学生来说，大一生活可能比其他任何一年都更具挑战性。学生们离开他们的家庭和熟悉的高中，来到一个陌生的城市，与陌生的人一起上大学。大学对学生的学业要求让一些高中毕业后还希望在大学里继续采用高中学习方法学习的学生感到意外。并不是所有的学生都能很好地适应这种转变，有些学生根本无法继续就读大学二年级。肯塔基大学以及其他许多大学一直在努力解决这个问题，以挽留大约 25% 因辍学而流失的新生。[①]

因为乐观会帮助人们变得坚持不懈，我们期望更乐观的学生能与他们的目标建立一种关系，这种目标指的是他们需要坚持读完大学。与我们的预期一致的是，中度悲观的学生在大一之后退学的可能性是高度乐观的学生的 2 倍，即使考虑到他们大一时的学业表现也是如此。如果 99% 的成功只是偶然出现的——并且没有人能在辍学后仍获得学位——乐观会给学生带来更好的成功机会。

和大多数人一样，大一新生中的乐观者要比悲观者多得多。然而，我们预计二年级会有更多比例的乐观主义者，因为大多

---

① 这个比例也许听上去很高，但根据《美国新闻与世界报道》(*U.S. News and World Report*) 收集的统计数据，这是美国许多 4 年制大学的典型情况。

数悲观主义者已经退学回家了。例如，我们预测 200 多名悲观主义者会退出而 200 多名乐观主义者会退出，这几乎占据了所有悲观主义者的 1/3，但占据了乐观主义者的 1/6。换句话说，虽然这两类人都将退出，但到明年秋天，仍将有 1 000 多名乐观主义者回到学校，而悲观主义者却不足 500 人。

性格乐观的人也获得了更高的平均分数（GPA），所以乐观的学生可能更聪明，这就是为什么他们没有退学。然而，当我们在分析高中平均分数和标准化考试分数相同的被试时，仍然可以预测学生会继续上学还是辍学，以及他们的大学平均分数。成绩优异并不能说明谁将在大学获得成功。事实上，对大学管理者来说，扩展他们对学术才能的理解可能是有益的。心理学家罗伯特·斯滕伯格（Robert Sternberg）曾提出，智力应该被定义为"在任何环境中所必备的能力"。我们通常认为的智力（即良好地思考和学习的能力）是适应大学生活的重要组成部分，但坚持不懈的本能在新生经受大一生活的挑战时肯定会派上用场。事实证明，在具有挑战性的情况下正是坚持不懈的本能将发挥最重要的作用。

那乐观主义会给人带来快乐吗？除了更成功以外，乐观的学生也更快乐：在大一结束的时候，他们被问及在过去一年里自己有多少次产生过某些特定情绪，乐观的学生（正如人们所预料的那样）比悲观的学生要少些压力、悲伤、沮丧、疲惫、焦虑和紧张。这一发现与"实现目标感觉良好"的观点有一定关联。

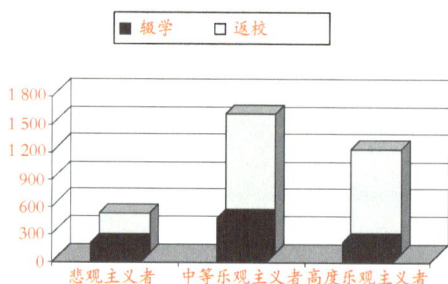

图2-2　预测4 000名新生的结果

近1/3的悲观主义者将辍学，而1/4的中等乐观主义者和1/6的
高度乐观主义者将辍学。

达到目标只会带来一半的乐趣：所有的意义

　　享乐主义只是大学一年级乐观主义者的一部分。乐观的学生也有更强烈的幸福感，而且拥有更好的社交能力、更多的动力、更强的掌控自己的生活的能力，以及更高的价值感。幸福感并非源自成就本身，例如取得好成绩或举办音乐会，而是源自取得这些成就的过程，如学习微积分或练习乐器的过程。在取得成就的过程中，拥有和追求无法实现的目标是有益的，而实现目标实际上可能会使这种益处消失。

请不要误解我的意思，达到目标显然有它自身的益处。大学毕业生的赚钱能力会不断增强。减肥的人会使自身变得健康和长寿。参与社区活动的人会帮助他人并结交许多新朋友。而实现这些目标给人的好处很可能是长期的。问题是，享乐适应症和心理免疫系统对快乐幸福的影响可能是短暂的。即使大学学位增强了个体挣钱的能力，我们也会不断追求挣更多的钱和住更大的房子，否则我们的激情就会逐渐消失。实现目标的效果不会日积月累。为了保持激情，你必须不断实现新目标，如果你安于现状，你很快就会发现自己正斜倚在衰草败枝上。

所以，人们说的达到目标只会给人们带来一半的乐趣，而实现目标的过程可能会给人们带来超过一半的乐趣。虽然实现目标只会给我们带来短暂的乐趣，但在实现目标的过程中我们会获得更持久的乐趣。说到自我调节的过程，我们发现情绪的主要作用并不一定是暗示你在实现某个目标的过程中是成功了还是失败了，而是表明你在朝着那个目标迈进。情绪不仅提示你目前的状态，还会使你明确进展如何。如果你的行为让你离目标越来越近，即使你离目标还有一段距离，你也会感到满足。

如果你正在以令人满意的速度前进，即使与目标有很大的差距，你也会感到欣喜。想象你正在为马拉松训练。当你在跑完十几千米后不再感到疲劳时，你会对自己的进步感到满意，即使你可能在跑完 20 多千米后仍然感到疲惫。如果你想学弹钢琴，第一次没有漏掉任何音符会让你很满意，尽管你不可能

61

每次都弹得这么好。但重要的是你正在朝着自己的目标前进。另一方面，即使你离目标很近，你也可能感到气馁。快乐与其说是实现目标，不如说是朝着目标前进。

有目标是一种在生活中迎接挑战和自我定义的机制。你的目标是你人生中的一部分。让我们想想为人父母的意义。虽然育儿的目标是将孩子健康地抚养长大，但这并不是育儿的全部。①人们之所以会育儿是因为其本身就是有意义的，它能给人们带来使命感和亲情。事实上，追求一个目标有时比达到那个目标更可取。当完成一个目标的时候，我们可能会产生消极的情绪，这意味着我们失去了目标感或随之而来的自我定义，就像在"空巢"或退休后的艰难过渡一样。

此外，最重要和有意义的目标不一定是充满快乐的。有些人认为，有了孩子以后夫妻的婚姻满意度会降低，而且生活并不总是无忧无虑的。尽管如此，也没有人急于摆脱自己的孩子。人们会制定不同的目标。目标可以为我们带来乐趣，并且当我们朝着目标努力时会增强生活目标感，促进我们树立标准，进而使人生变得更完整。当我们向目标迈进的过程中遇到挑战和获得学习的机会时，目标也可以使我们产生成就感。

因此，尽管与你的目标联系更紧密的最明显的结果是受益——朝着目标努力使你达到目标，改善你的生活环境，等

---

① 你能想象父母们站在孩子的床边问自己："孩子为何还长不大？我等不及了！"我敢打赌，这种情况有时会发生，但他们不会总是这样做。

等——但问题是，这个明显的结果并不重要。那些以获得利益——例如赚更多的钱、变瘦、变美、成名——为目标的人不会使他们的幸福感增强，不会使他们的生活目标感增强，并且他们不会从他们的活动中获得更多的意义。为什么赚更多钱的人不会更快乐？首先，你会习惯于有更多的钱。其次，拥有更多金钱的目标不会为你带来任何好处。你可能会更富有，但你没有买到幸福、目标或意义。这并不是说富人就像一只想穿过针孔的傻骆驼一样快乐，而是说你有多少钱与你的幸福无关。你所致力于达到的目标、想要获得的成就和意义与你多富有几乎没有关系。[1] 事实上，你似乎可以通过考虑你从实现目标的过程中的获益程度来确定目标的有益程度。如果你不认为这个目标会在某种程度上使你的内心变得更丰富、更强大，那么在你实现它之前，你可能需要重新考虑这个目标是否合适。

重要的目标不一定是像养育子女这样的大目标。你所获得的幸福感可能来自于你努力实现目标的过程。这些日常目标包括荒谬的（例如实验室里的字谜任务）和崇高的（包括生活中的重大决定，如继续读大学或为人父母）。因为乐观与坚持达成荒谬和崇高的目标有关，所以我想通过研究最常见的，也可

---

[1]　同样，身材苗条、受欢迎、有一头金发与你的富有程度也没有多少关系。这并不是说在这些方面有所欠缺不会给人带来负面影响。无家可归、病态肥胖、社会孤立，以及所有与富有、苗条和受欢迎截然相反的情况都对人们产生了明显的负面影响。金发似乎是个例外，因为拥有深褐色头发的人似乎也能很好地生活下去。然而，许多不必担心是否会失去家园的人仍然专注于赚更多的钱，许多体重正常的人仍然专注于保持苗条。这些目标可能不会让人们像他们想象的那样快乐。

能是最重要的目标来填补我的研究中的空白：普通的、日常的目标。

日常生活中的乐观：自我实现的预言

在丽丝的帮助下，我又一次对一群大学生进行了一个学期的跟踪调查。许多关于乐观主义的研究都是以学生（通常是本科生）为样本的。这并不是乐观主义研究的独特之处，在许多心理学领域都是如此，包括社会心理学、认知心理学、人格心理学、健康心理学等。其结果是，心理学研究可能会因其对人的影响程度（大学生更容易受到影响）以及他们在日常中所做的决策和行为中对思想而非情感的依赖程度（大学生具有较强的认知能力）而略有偏差。对于心理学研究为何能包容这些潜在的偏差这一问题，有人提出了一种愤世嫉俗的观点，即为了方便取样，大多数心理学家都能接触到大学校园里大量顺从、平易近人的学生。在某种程度上，这是对的。我们研究学生是因为对他们进行取样非常方便。然而，我们对年轻学生实施的实验可能也适用于不同的人，例如老年人。所以在很多情况下，我们希望我们从学生身上得到的成果也适用于其他人群。通常，学生的经历会引起研究人员的兴趣，因为他们的生活与

"成年人"所说的"现实生活"有相似之处。大学生必须准确地弄清楚人们对他们的期望是什么，需要付出多少努力才能达到这些期望，以及如何高效地完成这些工作，就像从事一份新的、更具挑战性的工作一样。学生们也会巩固社会关系，例如友谊和恋爱关系，这在生活中很重要。

学生也有对他们的人生有重大影响的目标，包括在学校和工作中表现出色；建立、维系或挽回一段关系；变得好看；发展业余爱好或做运动等等。为了研究乐观情绪是如何影响这些学生与目标之间的关系的，我们要求他们列出其目前的所有目标并且把他们的想法告诉我们：他们实现每个目标的可能性有多大，每个目标对他们来说有多重要，他们对实现每个目标有多投入，如果他们实现了目标会有多开心，以及如果他们没有实现目标会有多难过。包括研究中学生的数量（77），他们告知我们有关其目标的次数（6），通常学生拥有目标的数量（10），以及他们给每个目标评分的数量，我们获得了由大约 8 万个数字（在开始之前我们没有考虑过这个数字……）组成的数据。有了这些关于人们目标的大量信息以后，我们可以得出一些结论：乐观是否与一个人的日常目标有关。

有趣的是，首先，乐观者和悲观者列出的目标并没有很大的差异，你很难区分它们（如表 2-1 所示）。

表 2-1　乐观主义者和悲观主义者的清单

玛丽（Marie）的目标清单	詹妮弗（Jennifer）的目标清单
有更积极的态度	学习更多的生物学
养成更好的学习习惯	在家里和朋友保持联系
更有吸引力	选定专业
保持锻炼	结识更多的人
使生活井井有条	保持身体健康
消除烦恼	为自己腾出时间
在学校取得成功	为他人提供帮助
成为更好的教徒	尝试穿不同风格的衣服
做我自己	多读《圣经》
结交新朋友	和我男朋友保持稳定的关系

表 2-1 中的这些目标——女性在日常生活中想要做什么——并不能让我们很好地区分乐观主义者和悲观主义者。这两位女性有着相似的目标，包括更高效地学习、维持稳定的关系和增强信心。关于哪一个是乐观主义者，哪一个是悲观主义者的唯一暗示也许是，玛丽觉得她的态度和自我形象需要得到改善，她想变得更积极、自我感觉更好。事实上，玛丽是一个温和的悲观主义者，她的乐观程度只有詹妮弗的一半。玛丽的问题是她想要和詹妮弗一样的感觉，但她却走错了路。她试图直接变得更积极、感觉更好，但这些努力会对她不利。她应该更关注她和其他同学在这些列表列出的内容方面的细微区别：他们每个人对自己的目标的态度。

乐观的学生和悲观的学生之间的区别不在于目标本身，而在于他们实现目标的方式。首先，学生越乐观，他们就越希望在日常生活中实现个人目标。本质上，性格乐观使学生对个人目标持乐观态度。性格乐观不仅仅是这些学生所具有的一种抽象的人格特征，它还会渗透到他们的日常目标中，在早期的研究中我们发现乐观的学生会树立更多与坚持不懈相关的目标。其次，除了期望实现自己的目标以外，更乐观的学生也更专注于自己的目标。这种态度的结合——期望成功和致力于获得成功——将帮助你更好地追求目标和取得进步。

在目标对他们本身有多重要这一方面，乐观的学生和悲观的学生没有区别。所有学生都表示，他们的目标都很重要，平均 4.1 分（满分 5 分）。悲观意味着有重要的目标，但不会做出实现目标的承诺或不相信它们可以实现。因此，悲观主义者不太可能真正朝着目标前进，而更有可能放弃，要么暂时推迟实现目标，要么永久放弃实现目标。相反，越是乐观的学生就越有可能坚持下去，尤其是在实现自己的目标上。

期待成功是一个自我实现的预言。拥有乐观信念的人也相信自己的目标将得以实现，并更努力地朝着目标努力，从而为成功做好准备。我们发现这在每个层面上都是正确的，从相对琐碎的实验室任务到日常目标再到攻读大学学位。乐观也可能使人们迈入一个新的层级，乐观会带来更多的成功，这可能使人们更乐观，进而促使乐观者获得更多的成功：一个积极的反馈循环会使人与人之间的差异不断扩大。与通常会使人们回到起点的心理过程（例如，享乐适应症和心理免疫系统）不同，乐观创造出的动力可能会帮助乐观者逃避这些过程。此外，有目标且致力于实现目标，并朝着目标前进——也就是说，做乐观主义者会做的事情——不仅带来了取得进步带来的快乐，也带来了成为最好的自己的机会。

当事情变得棘手时，乐观者会开始行动

这是关于乐观和预期研究的另一个教训：当面临困难的任务时，你会发现乐观主义者和悲观主义者之间的最大区别。让我们看看目标是如何由于其特性而为行为带来不同影响的。他们的目标是解决大量的字谜，每个人都朝着完成任务的方向取得了良好的进展，这种成就鼓励了被试。他们没有障碍，因此还没有决定是放弃还是继续，也没有必要考虑未来会发生什么。你只需要沿着这条路走下去，而不必担心最后等待你的结果是否会是美妙的——你不需要巨大的回报来证明你付出的努力是合理的。在为一个小花园除草时，你并不需要下多么大的决心，因为你很快就能完成。

如果你有一大片草需要除掉，而那些讨厌的杂草又拔不起来，因为它们的根已经断了，所以你必须拿出泥铲把它们挖出来，天气很热，你又累了，你还有很多草要除掉，你该怎么办？艰巨的任务能激发出不同的动力。我们在面对困难和障碍

时会做出一些自然的反应：首先，情绪变得易怒、沮丧或焦虑。你离完成目标仍然有很大差距，进度停滞不前。此时，情绪蜂鸣器响了，这表示你遇到了问题。其次，你会更加投入、关注和深入思考这个问题。障碍会威胁到目标，任何形式的威胁都会引发个体的负面情绪，提升其对威胁情境的关注程度。这实际上是一件好事。有一个例子说明了关注威胁对人类进化的益处：

> 一个穴居人在当天早些时候看到了一只剑齿虎。虽然那一幕发生在不久前，但他仍然觉得老虎可能潜伏在灌木丛中，对他构成了威胁。他一边收集树根，一边不停地检查灌木丛。而另一个穴居人看到老虎后不久就把它忘得一干二净，很快老虎就偷偷靠近他，把他当成了午餐。

这是我们生存机制的一部分，它能确保威胁不会立即被我们遗忘，这种关注和思考威胁的倾向也有助于我们实现目标。如果你在实现目标的过程中受到威胁，你不会忘记自己无法朝目标继续前进的事实。虽然我们通常认为负面情绪和反刍问题是不可取的，并试图避免它们，但正是这种反应可能会引发我们对障碍的适应性反应。消极情绪激发了我们解决问题和缓解情绪的动力。持续不断的关注能确保你不会忘记威胁。如果你担心支票账户超支，你就会经常想到这个问题，所以你不太可能把支票簿塞进抽屉底部，然后忘记它，直到你收到一张空头支票的提醒的时候才想起它。如果你感到灰心丧气，反复思考自己在马拉松训练中努力跑完几万米的目标，这些想法会让你集中精力缩小你的当前状态和目标状态之间的差异。

由于你的注意力集中在实现目标的过程中的障碍上，因此它们仍真实存在于你的生活中。此时你需要做出一个关于如何去解决它的重要决定。一种可能性是转身走另一条路：你可以决定你绝不成为一个马拉松运动员，你永远不会平衡你的收支，你永远不会和那个脾气暴躁的同事交朋友，甚至不会让她微笑。在很多方面，放弃一个目标是更容易的途径。如果你停止马拉松训练，耐力的强弱对你来说就不再是问题。放弃当然能迅速解决当前状态和目标状态之间存在差异的问题。没有了目标状态，就不会有更多的差异。

然而，这并不意味着你的问题已经得到解决，因为一个目标通常不会存在于真空中。当我在教授心理学课程的过程中探究人们为什么会有这样的行为时，我经常让我的学生思考他们的动机，问他们为什么会在那一天选择来上课。大学教授不得不承认，在他们的职业生涯的某个阶段，他们的学生之所以来听讲座，并不仅仅是因为这些讲座与学生可以做的其他事情相比更加精彩、更令人愉快和更有趣。[1]学生来上课是因为他们想要取得好成绩（并且在这个过程中学习一些知识），这反过来将帮助他们向未来的目标迈进：学到知识、拥有学位，并

---

[1] 我知道这一点，因为我的学生是这样回答我的。

感到满意或自豪。也就是说，来上课是为了帮助他们更接近目标。

　　某个目标常常与其他目标有一定联系，它们往往是按层次被排列的，简单的目标可以转化为更高层次的、更复杂的目标。上课这一简单的行为目标与大学毕业这一更高的目标紧密相连，如果二者之间没有任何联系，这个简单的目标可能就没有任何意义了。那些更高的目标（从大学毕业）通常与非常重要的、自我定义的目标（成为一个有能力的人）联系在一起。因此，放弃简单的目标（平衡收支）可能会威胁到更高的目标（有经济能力，成为一个独立的成年人）。因为这些更高的目标不容易被忽视，所以低目标也不容易被忽视。我们中的许多人都曾与完全不适合自己的人分手，我们发现他们在情感上与我们不匹配，或者与我们的兴趣差异较大。可是，我们为什么在分手后很难忘记那个讨厌的家伙呢？为什么我们会在一段已经结束的感情中耗费如此多的感情和精力呢？可能是因为许多恋情都与广泛的、自我定义的目标有关，例如成为一个可爱的人、配偶或父母，即使那个人最终不是能与你相恋、结婚、生子的正确人选，失去他／她也会威胁到我们的这些目标。

　　因此，当遇到障碍时，把放弃作为我们方案的第一选择可能是令人痛苦的。放弃与人际关系相关的目标可能意味着放弃我们自己的情感生活，而是仅仅和宠物狗一起坐在沙发上看电视。别误会，狗是很好的伙伴，但它们并不能满足人类对伴侣的需求。幸运的是，放弃并不是唯一的选择。消极的情绪会促使你找到消除障碍的方法，而反省可以让你思考如何完成谈判。从某种意义上说，这是一个更好的选择，因为你更有可能克服障碍，从而克服消极情绪并进行反省。然而，从另一个角度来看，这是一个更艰难的选择，因为克服障碍往往是很困难的。你可能需要聘请一个私人教练来帮助你增强你的耐力，而规定的训练方案可能并不轻松或令人愉快。花一个小时来整理混乱的账单可能不是令你最满意和快乐的时刻。在你找到你的白马王子之前，你可能要亲吻很多只"青蛙"。虽然也许没有那么痛苦，但克服障碍往往比放弃要困难许多。

这个关于困难和障碍的问题的关键在于：短期内没有好的解决方案。放弃一个目标并不能消除障碍带来的负面情绪和困扰，因为这个目标与其他重要的、自我定义的目标之间存在联系。相反，如果在不能克服障碍的情况下不断朝着目标前进，就会让人感到沮丧和焦虑。另一方面，继续努力实现一个目标在情感上不会给你带来很大困难，但是它可能会消耗你的精力和体力，第 5 章将提到这一问题的解决办法。

然而，展望未来，你可能会发现这种投入产出关系将发生变化。坚持实现一个目标并不能保证你一定能实现它，但如果选择放弃，你就永远无法实现它。这就是乐观主义的用武之地。展望未来正是人们决定是走简单但痛苦的道路（放弃）还是走困难但可能受益的道路（坚持）的机制。乐观主义帮助人们越过眼前的障碍，看到积极的未来，而悲观者只看到更多的障碍、问题和失败。对于乐观者来说，为了克服障碍而付出代价是有意义的，因为他们期待最终的回报。积极的期望能让人们在实验室里继续从事困难的工作，而在这种情况下，放弃是比较容易的；而对美丽花园的积极愿景，则能让除草者坚持除草而不是选择回家休息。悲观的人没有这样的灵感，因此他们看不到为了他们想象中的消极未来努力的意义。

在生活的许多重大的、令人满意的转变过程中我们都必须克服一些困难。在过去的几年里，我和我的丈夫贾伊（Jai）通过协商对一些重大的转变做出了决定。我们在 35 岁左右时结婚。我们买了一套破旧的房子，然后着手将它装修得光亮如新。我的丈夫辞掉了工作，出于各种原因他和一个值得信赖的伙伴开始了新的事业。虽然这些决定看上去都很好，但这并不意味着没有障碍。我们一起努力学会了两个十年来已经适应各自的生活方式的成年人如何才能创建一个相互合作的家庭，如何靠一份薪水生活，直到贾伊能为家里带来收入的时候为止，以及一些次要的问题，例如卧室该用什么颜色的油漆。[①]

我认为，到目前为止，我们不是通过成为幸福的人（我丈夫声称在我们的婚姻中学到的一件事是在我心情不好时给我一定的空间）来应对这些同时面临的挑战，而是成为坚持不懈、相信未来前景美好的人。我倾向于相信坚持可以克服许多

---

① 我的一位编辑建议我用一些"每个人都熟悉的小事"来代替卧室里的油漆，这些小事在夫妻之间会变成大事，但在外人听来就像小事。显然，她从来没有就卧室该刷什么颜色的油漆进行过旷日持久的谈判。那正好是我们的"小事"。你和伴侣之间面对的问题当然会有所不同。

障碍，而我的丈夫是如此坚持，以至于我们经常拿它来开玩笑（每一个障碍都被描述成一场体育赛事：贾伊对战电脑；贾伊对战灌木丛；贾伊对战当地的报纸递送服务。贾伊似乎总是赢）。

当然，我们不是唯一选择通过这种方式克服障碍的人。其他新企业主如果能注意到乐观对实现目标的好处，就会做得很好。一个新企业主可以预料到一系列的挑战和挫折，尤其是收入的损失，以及这种状态会持续到第几年。创业者的一条指导方针是，至少要在未来3年里经历艰苦创业时期，才能清楚地知道企业是否会成功。此外，成功并不能通过任何方式得到保证：50%的新企业会在成立后的4年内倒闭。亚马逊的创始人杰夫·贝佐斯（Jeff Bezos）就是能说明乐观对那些走上危险系数极高的创业道路的人的重要性的绝佳典范。1995年，亚马逊在贝佐斯位于西雅图的地下室成立，直到8年后才开始盈利。在此期间，亚马逊面临着诸多挑战，例如，股东们批评贝佐斯将扩张规模置于盈利之上，以及互联网"泡沫"的破裂使亚马逊身临险境。

尽管如此，贝佐斯还是坚持了下来，亚马逊现在是世界领先的互联网零售商之一。并非巧合的是，贝佐斯也是一个乐观主义者。他也把自己描述成一个快乐的人，但他指出使他成功的源泉是乐观而非快乐。这是为何呢？乐观让他专注于实现自己的未来目标，尤其是当这种目标需要很长一段时间来实现的时候。正如贝佐斯所说："乐观是做任何艰难事情的基本品质。"杰夫·贝佐斯明白做一个乐观主义者的真正含义。但这并不意味着我们要假装乐观、无视困难或压力，而是要长期坚持，在你度过困难时期的时候，把你的注意力集中在成功将给你带来的奖励上。

结婚、创业、买房……尽管你认为在这些人生转变的过程中会遇到障碍，但它们只是能使你完成积极转变的一小部分正常成本。因为相对于一些小困难，拥有美满婚姻、自己成为老板和有房一族给你带来的回报更大，所以也许这些障碍更容易忍受，然而，有时出现的障碍也许会让我们痛苦不堪。特别是疾病会限制人们追求重要目标的时间和精力，同时疾病引发的疼痛和痛苦会让人们很难去做对他们来说重要的事情。此外，与疾病相关的障碍可能更难克服，因为它们不是你为获得更大回报所付出的代价，它们只是成本，而且往往是具有戏剧性的、危及生命的。尽管如此，研究结果仍表明乐观有助于人们治疗纤维肌痛、癌症和其他慢性疾病。

纤维肌痛症是一种会引起全身疼痛、疲劳和睡眠障碍的综合征。虽然没有人知道是什么原因导致这种情况，但在患有这种疾病的患者中，疲劳和疼痛的恶性循环是明显的。疼痛使他们无法睡好觉，反过来，睡眠不足会增加他们对疼痛的敏感度。部分原因是人们对纤维肌痛症的病理机制知之甚少，因此没有有效、简单的治疗方法。一般来说，患有这种综合征的人必须学会适应疾病给他们的生活带来的局限性，而这种局限性就像疼痛本身一样，是普遍存在的。即使是简单的动作，如穿衣服、提包裹或走路也会引发这类患者的疼痛。

疲劳和疼痛肯定会限制个体的努力程度，这一现象在一项针对患有纤维肌痛症女性的研究中很明显，当女性感到更痛或更累的时候，她们追求健康目标（例如，保持日常锻炼）和她们的社会目标（例如，对同事更有耐心）的能力就会受到负面影响。女性报告说，疼痛和疲劳削弱了她们追求目标的能力，减少了她们为实现目标而付出的努力，阻碍了她们在实现目标方面取得应有的进展。然而，乐观主义能够消除人们对疼痛和疲劳是障碍的看法，因此当女性的乐观程度较高时，她不会认为疼痛和疲劳会阻碍她追求目标。此外，在极度疼痛的情况下，最乐观的女性最不可能减少实现目标的努力，因此她们在实现目标方面取得了更大的进步。乐观的女性通过付出更大的努力克服了越来越疼痛的感觉。该研究为"乐观者拥有克服障碍实现目标的卓越能力"这一观点提供了证据。和本科生一样，乐观者并没有因为他们觉得自己的目标更重要而更努力地去实现他们的目标。乐观的女性和悲观的女性对目标的重视程度是一样的，但是乐观的女性会为实现目标付出更多的努力，尤其是当她们面临疾病引发的疼痛时。

另一组面临放弃追求目标的女性是癌症患者。对这些患者的研究表明，他们的社交和娱乐活动经常被适应疾病及治疗所引起的疲劳和痛苦所打断。然而，对于乐观的女性来说，这种干扰没有那么严重，她们倾向于坚持追求社会目标，例如继续拜访他人和接待友人，以及继续参与志愿者活动、去教堂或外出娱乐等。

当然，我们无法克服所有困难。我的一名学生在每日目标研究中列出了"所有学科都拿 A"的目标，但这对该学生来说可能是无法实现的。即便如此，完全放弃这个目标对他来说也不是一个好主意，因为这可能会威胁到他的一些更重要的目标，例如"做一名好学生"或"取得成就"。解决这个问题的一个方法是设定一个新的目标，例如"争取达到平均绩点 3.5"，这有助于其实现更高层次的目标。这样做的人把他的期望和其对实现新目标的承诺转移到新的目标上，更重要的是，他能够维持其在学业方面的目标和更远大的人生目标之间的联系。

随着年龄的增长，由于体能会日渐走下坡路，我们也许无法再去完成某些目标，因此，有效转变目标就显得尤为重要。有些人可能每天都坚持跑几千米，直到他们 110 岁去世的时候为止，但这对大多数人来说是不可能的。①特别是由于年龄增长身体健康问题的出现，限制了人们可以做的事情，包括运动、旅行、长途旅行、开车和园艺。但是，我们可以参加与我们的体能状况相匹配的新目标和活动。毕竟，关于目标的心理学研究并没有对你能做的事情设限。提高你的桥牌游戏技能是一个很好的心理健康目标，就像每天跑几千米一样，只要这一目标能为你带来幸福感——也就是说，它能满足你对参与活

---

① 我想，对我来说，这种可能性是微乎其微的，因为如果我现在一天跑 1 600 米，膝盖和身体的其他部分都有可能崩溃。

动、习得新技巧、掌握技艺方面的需求。

一项研究调查了数百人，其中大部分是 70 多岁的老年人，他们的生活受到关节炎、心脏病、癌症等慢性疾病的限制。他们中有超过 85% 的患者因为疾病不得不放弃一项活动——例如，体育活动、社交活动、旅行。然而，事实证明，在患疾病前的乐观态度可以很好地预测人们在患上疾病后是否会通过找到新的活动来取代那些不得不放弃的活动，从而使自己融入群体。更乐观的被试用新的活动代替了旧的活动，如跑步和旅行，其中包括更温和的运动（例如，用散步代替跑步）、社交、玩游戏或听音乐，以及写作。这种差异反过来又对生活质量产生了重要影响。没有用新活动替代旧活动的人在患上疾病后的一年内失去了快乐，而享受新活动的人没有失去快乐。虽然这项研究并没有测量人们的幸福状态，但人们对他们是否觉得自己正处于最佳状态的想法可能会对其幸福感产生很大的影响。获得快乐的途径多种多样，但通往幸福的道路却很少，而这些道路很少与目标有关。放弃目标会严重限制你获得幸福的方式。

总之，所有这些研究都证明目标是能说明乐观对心理有益的关键部分。尤其是当人们在生活中面临挑战时，乐观主义能让人们坚持不懈地实现目标。这些障碍可能是身体上的（如纤维肌痛或与年龄有关的疾病），但也可能是来自其他方面的。当遇到障碍时，乐观的人会坚持实现自己的目标，甚至在必要时替换自己的目标，从而保持心理健康。

　　但是不要让我告诉你你自己应该有什么样的目标，因为那样的话接下来整个局面就会像纸牌屋一样坍塌。为什么你有一个目标和你有什么样的目标一样重要。一般来说，人们在追求能帮助他们成长、获得有意义的人际关系、对社会有贡献的目标时更快乐，而在追求能帮助他们变得更有吸引力、更富有、更受欢迎或更出名的目标时就不那么快乐了。不管怎样，他人为你设定目标（例如"你应该拥有更有意义的人际关系？""你为什么不出去为社会做点贡献呢？"）会失去目标激励你的积极作用。你母亲让你出去玩的时候的有趣程度并没有你自己决定要出去玩的时候高。一般来说，被要求出去玩往往会导致你在院子里闷闷不乐、没有乐趣，更不会产生自我实现感。另一方面，你可以考虑一下自己的情况，并将其与你每天追求的目标进行比较。有时，我们失去了内在动机，这使我们踏上了一条这样的前进道路：我们开始认为我们工作是为了赚钱，我们打网球是为了更好地锻炼肌肉，我们和朋友一起喝酒是为了"社交"。我们需要重新思考我们做这些事情的意义所在：迎接挑战、随波逐流或耽于享受。

　　因此，放弃一个目标不仅意味着放弃一条获得利益和幸福的道路，也意味着放弃通往幸福的大道和做最好的自己。相反，那些更专注于目标的乐观者将更有可能收获更多的快乐和幸福。目标能使我们获得资源，并实现自我以及赋予生活意义，而乐观者实现目标的方式可能是获得这些益处的关键。

**BREAKING
MURPHY'S LAW**

第 3 章

塑造（和重塑）未来：
乐观主义者及其资源

最近，人们似乎特别想要从对自我的良好想法和感觉——也就是自尊——中获得更多的幸福感。为了做到最好，也为了帮助别人做到最好，人们越来越关心孩子的自尊、他们自己的自尊、员工的自尊，并确保每个人都对自己感觉良好。这主意听起来不错，但我们该如何去做呢？与乐观主义者的看法一样，我们很容易设想高自尊的人是"积极的"，而低自尊的人是"消极的"，并得出提升自尊就是让低自尊的人更积极地看待自己的结论。这应该很容易，毕竟，积极地看待自己是人们通常做得最好的事情之一。如果你有任何疑问，请自己完成以下句子：

与路上的其他司机相比，

我比他们中的百分之_____开车技术都好。

你很有可能会认为自己属于排名前 50% 的司机中，也很有可能把自己放在前 10% 或前 20% 当中，也就是说，你的开车技术比路上 80% 或 90% 的司机都好。我不认识你，但你很可能是个出色的司机。

然而，如果你多问一些人，你会发现大多数人都把自己列入了前 50% 当中。这从逻辑上讲根本不可能。并不是所有人都能像沃比冈湖（Lake Wobegon）的孩子们那样方方面面都能高于平均水准。50% 的人必须在驾驶技术上属于后半部分，50% 的人则必须属于前半部分。我们不可能都是顶尖的人才。尽管如此，在一项针对很多人的调查中，超过 90% 的司机认为自己属于前 50%，甚至当他们因为车祸而住院时，他们也认为自己的车技是超过平均水平的（而且他们中的大多数人在事故中是过错方）。这种现象被称为"自我价值提升"（self-enhancement）。人们在自己的受欢迎程度、才智和选择彩票号码的能力方面要比驾驶技能方面谦虚得多，但在许多方面人们普遍会进行自我提升。大多数人都能轻松、自然地提升自我。

对于那些没有自我提升能力的人，难道他们就不能改变自己的想法，尝试用不同的方式思考吗？如果是这样的话，那么增强自尊就是一件简单的事情，我们只需要找到认为那些杯子里有一半是空的人，并鼓励他们把杯子里的水看成半满的就可以了。但现实情况并没有那么简单。一项研究试图通过使个体进行自我价值提升来增强自尊，从而增强大学生的幸福感。在考试中表现不佳的学生每周都会收到一封电子邮件，里面有复习题，也有帮助他们以更积极的态度看待自己的信息。不幸的是，这些学生在随后的测试中比只收到复习题的对照组表现更差。虽然高自尊似乎确实与更好的表现有关，但仅仅从更积极的角度看待自己显然是不够的。正如快乐和幸福的真谛一样，自尊可能源于你在生活中所做的事情，而不是你如何看待自己。

斟满杯子

自尊不仅仅能帮助我们看到杯子是半满的，它实际上还能起到一种注满杯子或油箱的功能（隐喻能进行自我调节的功能）。如果你不是机器人，我很高兴地告诉你，你不仅有"巡航控制器"和"恒温器"，你还有一个"油表"。研究表明，自尊是一项可靠的指标，是衡量物质、社会和心理资源的指标，在自我调节中起着重要的作用。

让我们想想开车去祖母家的目标。你的感觉（例如快乐或焦虑）告诉你，你正在以多快的速度朝你的目标前进。[①] 你知道，感觉就像你的仪表盘一样提示你在以多快的速度接近目的地，但当你开车时，你不仅需要知道你开得多快，你还需要知

---

① 此外，开车还会带来其他好处：因为你爱奶奶而且你想去看望她，所以开车去她家是一种有意义的、发自内心的想做的事。如果你去看望奶奶只是因为每次伯莎姨妈都会给你 20 美元，这一切就另当别论了。

道油箱里有多少汽油。感觉并不一定是你生活中的仪表盘和汽油表。我们的感觉每天都在变化。为了提供关于目标进展和资源变化的持续反馈，感觉不得不随时变化。正如一位情感研究者所指出的："如果人们仍然沉浸在昨天的成功之中，那么今天的危险和危害可能就更难被识别了。"换句话说，你不能永远对今天的进步感觉良好，否则你就会失去继续前进的动力。

所以，在今天弄清楚你昨天是否有所进步是非常有益的。因为感觉正忙于提供持续的信息，你需要通过其他方面得知油箱有多满。这就需要一种更持久的心理幸福感，例如自尊。为达到特定目标不断努力会使我们对自己和生活感到十分满意。当朝着自己的目标努力时，人们会建立更多的资源，对自己的生活也更满意。充沛的精力，更多亲密友人、强大的家庭支持，亲密而温暖的浪漫关系，以及权力都能让人们感到他们的生活正在变得理想化。相反，缺乏这些资源的人们希望他们可以开始新生活，并改变一些事情——他们的生活不那么令人满意，他们不觉得已经得到了自己在生活中想要的重要的东西。

此外，如果你想要改变人们的自尊和生活满意度，你不需要教他们变得积极，你只需要让他们积累一些资源。在一个实验中，被选为领袖的人（凌驾于他人之上并获得地位资源）比其他成员（被他人接纳并获得认可的资源）的自尊水平都要高。在这个实验中，被试没有被选作小组成员或是被提拔为领导，因为他们都有很高的自尊（他们被实验者随机分配到其他"被试"接受或不被"被试"接受的组里面）；相反，在他们被纳入一个小组或受到提拔后，他们的自尊心会增强。因此，自尊增强是结果，而不是原因。

　　作为一个实验者，意味着你可以命令你的研究团队接受或拒绝一个毫无戒心的被试，或决定这个被试是否会被提拔为组长。这种实验控制使研究人员可以仔细地梳理鸡生蛋还是蛋生鸡的问题，例如接受被试是否会导致被试的自尊水平发生变化，反之亦然。在现实生活中，你不可能如此轻易地安排别人的生活。一方面，当人们知道你只是在给他们资源时，整件事就搞砸了（第 4 章更详细地讨论了社会支持的这种意外后果）。另一方面，很多情况下你并不具备那种能力。你很难使自己或自己关心的人被接受或提拔。自尊、生活满意度和其他长期的幸福感大多是每个人从头开始努力建立资源的结果。如果乐观主义者有更高的自尊水平和生活满意度（他们确实如此），这可能是因为他们的坚持不懈的本能和对目标的承诺帮助他们更好地建立了资源。

拥有一切或一无所有：羚羊、狒狒、人类及其资源

　　为什么人类会如此协调他们的资源？为什么人类的福祉如此依赖于资源？问问你自己，如果你不关心自己的资源会发生

什么。可以想想，如果你是另一种动物，例如羚羊，如果你不关心自己的资源，会发生什么？就像没有注意到老虎的穴居人一样，你就会成为午餐。一只想要生存下去的羚羊必须被激励去最大限度地利用其资源，以成为吃得最好的、最强壮的、最健康的羚羊。这种动机将使这只羚羊萌生积累生存所需的所有资源的愿望，例如美味的食物、水以及一个有利于躲避捕食者的环境（例如，一头狮子无法偷袭自己的地方）。羚羊只有在这些需求得到满足时才会自我感觉良好。同样的道理也适用于人类，自尊和对生活的满足正是这些良好的感觉在人类身上的体现。

现在，让我们将目光投向智人，想象一下，你不是羚羊，而是狒狒等灵长类动物。力量和健康只是狒狒的资源的一部分。狒狒生活在社会群体中，这个群体给它们提供了另外两种资源：接纳和地位。接纳来自于成为一群狒狒中的一员，而不是荒野中孤独的狒狒。有了群体成员的身份，狒狒就能受到更好的保护（更多的狒狒能一同与敌人对抗，如果敌人出现，其他狒狒能帮你赶走它们），以及共享食物等等。对于灵长类动物来说，数量真的很重要。一旦进入群体，狒狒的地位就源于社会等级。地位高的狒狒比地位低的狒狒更容易获得食物和配偶等资源。事实上，地位高的狒狒获取食物和配偶等资源的方式之一就是从地位低的狒狒那里抢夺。

人类、羚羊、狒狒都需要这些生存资源：食物、水、住所、健康。此外，人类和狒狒作为灵长类动物，在接纳和地位上需要"群体"资源。人类的资源与狒狒的资源在某些方面有所不同，但基本类别是一致的。

狒狒的资源如表 3-1 所示。

表 3-1 狒狒的资源

基本的（生存）资源	接纳资源	地位资源
食物 水 住所	群体成员资格	高阶级地位

虽然现代的人类资源看起来有些不同，生存不太可能受到威胁，基本的主题如表 3-2 所示。

表 3-2 现代的人类资源

基本的资源	接纳资源	地位资源
时间 能量	婚姻 友谊 家庭关系	受关注 知识或技能 社会经济地位

这些资源主题——尤其是接纳资源和地位资源——在涉及人类幸福的所有心理学领域都有体现。在心理学学科中，认知治疗师研究个体与他人关系（社会取向）或成就（自主）方面的功能障碍是如何引发抑郁症等精神障碍的；社会心理学家讨论个体与他人互动（交流）和对世界做出贡献如何导致其幸福感增强；人格理论学家研究权力动机和亲和动机之间的区别；还有一些研究者认为，发展效能感和归属感是成长中的儿童的主要任务。鉴于这些普遍情况，人类与狒狒在目标上有类似的

结构也就不足为奇了。

专门研究目标的心理学家罗伯特·埃蒙斯（Robert Emmons）制定了一份指南，以指导人们在他的研究中朝着特定目标努力。与这些目标有关的因素如下所示。

成就：获得理想成绩，与人竞争，表现出色，取得胜利

隶属关系：建立关系，寻求认可和接纳

亲密：建立温暖、亲近、能进行良好交流的亲密关系

权力：控制或影响他人，获得名望，获得关注和地位

成长与健康：改善生理、情绪和心理健康

自我表现：给人留下良好的印象，看起来有吸引力

独立：避免依赖他人

传宗接代：养育下一代，获得象征性的永生

自我超越：肯定自己能在完成某些任务时超出自己当前能力的表现

他没有按照不同类型将目标进行分组，但是我们可以很容易地根据人们将要构建的资源类别对大部分因素进行分组如表3-3所示。

表 3-3　依据资源类别分组

基本的资源	接纳资源	地位资源
成长与健康	联系 亲密关系 自我表现	成就 权力 独立

目标和资源属于同一主题，因为它们实际上是不可分割的。达成目标的进度通常取决于我们积累的资源，而资源则源自我们为了实现目标而付出的努力。随着时间的推移，那些倾向于以目标为导向的人将积累最多的资源，并且享有最高水平的自尊和生活满意度。当我们拥有更多的资源时，我们会过得更好。

乐观的人在玩字谜游戏时更不会轻易放弃，但这只是他们坚持不懈的本能的一个特例，这种本能也会影响他们实现日常目标和更远大的志向的行为（例如，接受大学教育）。他们以在完成字谜游戏中的坚持不懈为基石，将乐观情绪与各个层面的幸福感建立起联系。通过朝着目标前进，更乐观的人会感到快乐；通过致力于实现自己的目标，他们会感到非常幸福；通过建立资源，他们也获得了最稳定的幸福元素：自尊和对生活的满足感。

利用资源：积累资源的蓝图

虽然资源和房屋都是随着时间的推移而被逐渐建立的，但资源构建并不像房屋建设——从将砖一块一块堆砌起来开始。资源构建更像是一个外汇交易根据自己的需要和市场需求，用一种资源交换另一种资源，努力在一天结束时盈利。资源在很大程度上是流动的。我们每天做的大部分事情是把一些资源（尤其是时间或精力）转换成其他资源。钱可以买到更大的房子，知识可以帮助我们找到更好的工作，和朋友友好地相处可以使我们建立友谊资本，甚至是一些社会角色，如孩子的社会角色，也可以转化为资源，如金钱。[①] 我们会利用资源来满足自己的需求和实现目标，例如使用一个领域的资源来建立另一个领域的资源，或者运用源自一个领域的动力来克服另一个领域的障碍。在大多数情况下，转换不会导致资源净损失，但在理想情况下会带来资源净收益，这就像我们在工作和人际关系中投入精力一样。从此，我们的人际关系会更加持久，资源会更加丰富，我们通过补充睡眠和享用一顿丰盛的早餐恢复了精力，这是净收益。

还有一类自我挫败的目标与避免冒险或接受挑战有关（例如，"尽可能少做"），与其说它是目标不如将它称为"反目标"。

转化或"消费"的最有效的资源是那些既丰富又可再生的资源。充足的资源将成为你的可靠后盾，而且你无须担心它会被耗竭。如果你有很多的朋友，你在他们需要的时候帮助他们能使你建立大量的友谊资本，你不会因为在需要的时候叫朋友

---

① 很多人肯定会遇到这一情况，孩子问你："爸爸，能给我 10 块钱去看电影吗？"

来帮助你而耗尽你的资源。虽然有些资源并不总是容易再生，但如果它们足够丰富，我们就可以在需要的时候利用它们。但是如果你只有几个朋友，而你又没有在这些友谊中投入太多的资本，你可能会因为利用这些资源而冒着失去别人对你的认可和好感的风险。

另一种有效使用资源的方法是使用易于更新的资源和保存难以更新的资源。有些社会地位资源，如工作资历，需要我们长期投入时间、精力和知识，如果失去了这种资源，我们将需要很长的时间才能重建这种资源。同样，长期的亲密关系也不可能在一夜之间被重建。

另一方面，在理论上我们可以在一夜好眠后重新充满精力。如果使用得当，精力是一种完全可再生的资源：我们的身体无时无刻不在将我们吃的食物和睡眠转化为精力。金钱是一种可再生资源，因为时间、精力和知识都可以帮助我们通过付出劳动赚取金钱。时间是一种特别有趣的资源，因为它在某种意义上是完全可再生的（如果你今天用完了时间，明天你会得到更多），而在另一种意义上是完全有限的（如果没有人研发出时间机器，你永远也不可能把今天花的时间找回来）。时间是一种伟大的平衡资源，因为每个人——老人、年轻人、富人、穷人、乐观主义者、悲观主义者——每天拥有的时间是完全相同的。尽管稀缺性原则（利用你拥有的最稀缺的资源为你带来的回报是最少的）也适用于能源、金钱和时间，因为这些资源是可再生的，所以稀缺性不是一个大问题。如果你今天只剩下一个小时，那么把它留到明天对你没有任何好处。虽然今天时间不多，但你可以尽情地利用它！毕竟，你不能把它随身携带。

不幸的是，资源除了可以被转换之外，还可能遗失。有时，最好的方法是通过有效地重新分配剩下的资源来最小化资源损失。在最具挑战性的情况下，某一个事件就可以同时造成许多资源被耗尽。以一个失去丈夫的女人为例，她不仅失去了伴侣、爱情还失去了与她的丈夫共享的基本资源和地位资源：他的知识、他的收入等等。这种损失是如此严重，以至于就算其他人迅速为她注入其他资源也将无法弥补。当我们拥有更多的资源时，我们会变得更好；当我们拥有更少的资源时，我们会变得更糟，我们也会承受更多压力。作为优化幸福的最后一种方式，乐观的人在资源减少时和资源增加时会使用相同的自我调节原则——在这种情况下，坚持不懈和奉献精神可以帮助他们保留其所需的资源。

失去资源：乐观主义者如何应对威胁和损失

不幸的是，会对我们的资源造成严重损失的生活压力，如离婚、丧亲之痛和失业等，对身心健康产生了同样严重的消极影响。失去所爱的人——无论是离世还是被抛弃——会使一个人患重度抑郁症的风险增加两倍。重度抑郁症是一种会使人的身心衰弱的抑郁症，会持续数周，并有复发的趋势，甚至有可能持续一生。长期失业或与亲人发生冲突会使你患感冒的可能性增加两倍。压力甚至与更高的死亡风险相关。在一项针对一万多名美国男性的研究中，失业或生意失败使死亡风险增加了 29%~46%，分居或离婚使死亡风险增加了 23%。在一项针对孩子已经去世的丹麦母亲的研究中，失去孩子的母亲比孩子还活着的母亲的死亡风险高 43%。

有两种方法可以使我们避免受到压力的负面影响（如抑郁、疾病，甚至早逝）。第一是避免经历压力事件，即失去资源。祝你好运！虽然有些压力（例如入狱）是可以避免的（因为你完全可以使自己远离犯罪），但有些压力是我们无法避免的。拥有的同时就要承担失去的风险：你所拥有的工作、人际关系以及古董都随时可能离你而去。如果你想要拥有资源并甘愿冒着失去它们的风险，你需要一些方法来避免压力的负面影响。这些方法通常被统称为"应对"。

应对很难定义，但可以包括任何你试图减轻压力的努力。虽然我们在应对时表明自己正在采取一些行动，但应对不一定是有效的，事实上，很多应对方面的研究都在试着找到哪些类型的应对是无效的。如果我们认为压力会使自己的资源受损，有效的应对意味着你专注于有效地利用你还拥有的资源，将损失最小化，尤其是重建已经失去的资源。无效应对意味着忽视重建或保全资源的机会，并使恶性循环持续下去：如果失去丈夫的女性通过拒绝参加其他活动（例如见朋友）来应对丧夫这件事，她的资源损失将是巨大的。

我们可以依据个体的坚持不懈的本能预测其乐观程度和应对的关系。一般来说，乐观的人会比悲观的人更执着地追求目标，建立更多的资源。这一预测与压力相关的第一个推论是，乐观者更有可能在资源损失期间或之后采取有效行动重建资源；第二个推论是，尽管对未来的积极看法使一个人倾向于做出积极的行为，但一个人无须改变他的本性来采取这种应对策略。

数十项针对那些面临威胁或资源损失的人们的研究检验了乐观与应对之间的关系，这些威胁或资源损失的情景包括从大学考试到被确诊患有癌症再到救援工作。其中有一个主题从所有这些研究中浮现出来：乐观主义者更有可能做某些事情。乐观主义者做这些事情有时是为了直接解决问题，心理学家称之为"聚焦问题的应对方法"（*problem-focused coping*）。需要解决的问题中的一个不错的例子就是去上大学。上大学为个体带来了学业和社交上的挑战。我们可以通过把基本资源（主要是时间和精力）投入到提高学习成绩（例如努力学习）和社交（例如参加俱乐部）的活动中来应对许多挑战。使用这种积极的、以问题为中心的方法的人应该是能最有效地应对大学生活并且拥有最多的幸福感的人。有证据表明，这些卓有成效的人更有可能是乐观主义者。一项研究跟踪调查了数百名住在宿舍楼里的加利福尼亚大学洛杉矶分校的新生。这些学生报告了他们的乐观程度、他们的情绪状态以及他们在刚入学的前几周是如何应对大学生活的。一如既往，乐观的学生更倾向于使用以问题为中心的策略，例如"加倍努力让事情顺利地发展下去"和"想出几个不同的解决方案"。

在第一学期结束时，学生们还报告了他们的状况，包括出现的症状、是否有看医生、他们的健康状况如何、他们对生活的感觉如何、他们的压力有多大，以及他们有多快乐。刚入学时比较乐观的新生在第一学期结束时适应得更好，而且身体也更健康。最重要的是，最乐观的学生的适应能力更好、身体更健康，部分原因是他们能直面问题。

"直面问题"这一条件对以上的等式特别重要。乐观的人更容易适应压力，这不是因为他们关注问题，而是因为他们应对问题的方式。毕竟，解决一个问题的方法有两种：尝试解决它或无视它。在以问题为中心的应对方式下，试图解决问题意味着投入，而逃避问题意味着无须投入。因为比较乐观和不那么乐观的人之间的基本区别在于，他们在遇到障碍或资源损失等压力时是会选择积极应对还是消极应对，所以比较乐观的人更有可能采取以问题为中心的应对方式，这与积极应对有关。在众多以问题为中心的应对方式中，乐观主义与以下行为相关：

计划做什么；

请教他人该如何应对并听取建议；

专注于做某事。

此外，乐观主义与以下行为的关联度较低：

放弃。

应对研究表明，如果一个乐观主义者搬到了一个新的城市并且没有朋友，她会想办法去认识新朋友，并采取行动去结交新朋友，例如加入一个俱乐部或运动队。相反，悲观主义者更有可能认为拥有新朋友不是一个目标，也不会努力去弥补她缺失的友情方面的资源。

乐观主义和正面解决问题之间的这种联系，在可以对这个问题采取行动的时候尤为明显。毕竟，通过以问题为中心的应对方式来做事情并不总是一种有益的策略，而且这可能会成为乐观主义者的致命弱点。加倍努力去解决一个无法解决的问题看起来更像是在浪费精力，而不会为我们带来幸福感。有时乐观者会做一些事情来帮助自己适应环境。

以 1979 年核电站事故发生地——三里岛（Three Mile Island）——的居民为例。这次事故由宾夕法尼亚州米德尔顿镇放射性物质的泄漏所引发。虽然这种辐射强度比 x 光胸透要弱，但与辐射有关的危险的不确定性对人类的最基本的资源——健康和生命——构成了威胁，结果证明与事故有关的压力和焦虑比事故本身更有害。在 1982 年和 1983 年，那些住得离核电站最近的人的癌症发病率比其他人高出 20%，这些人也感受到了最大的威胁，经历了最大的痛苦。癌症发病率的增加并不是由于核辐射，核辐射的作用与人们居住在核电站的上风向或下风向密切相关，而与人们住得离核电站有多近无关。此外，米德尔顿的居民也无法使环境适应他们。事故已经发生了，而且人们无法挽回。当给居民一张应对清单时，那些勾选"改变了某件事，这样情况就会变好"的人比那些没有勾选这一项的人更抑郁，这可能是因为他们在徒劳地寻求不存在的解决方案。有趣的是，这些人也更有可能勾选"我拒绝相信正在发生的事情"，这意味着他们可能也一直在否认自己实际上无法解决问题的现实。

乐观主义者更容易犯这种错误吗？如果这种可能性仅限于核事故，这将是一个与我们所讨论的问题几乎不相关的问题，因为核事故是如此罕见。然而，其他类型的压力也会带来同样的挑战。例如，应对创伤通常涉及处理过去发生的事情。因为事情已经发生，所以试图改变它通常是无效的。同样，等待活组织检查的结果也很难改变现状或结果。即使是像堵车这样的日常琐事也会让人们面临资源损失（在这种情况下人们损失的资源是时间），而他们对此无能为力。在这些情况下，将资源用于试图改变过去可能会等同于浪费这些资源。如果乐观主义者不明智，他们可能会像三里岛的居民一样，试图改变过去，结果是更加沮丧、焦虑，甚至是生病。

对乐观者来说，幸运的是，他们似乎在应对问题时富有想法。在一项研究中，在飞机失事现场工作的紧急救援人员在事故发生后被跟踪调查了长达 12 个月。乐观的救援人员最有可能通过利用社会资源来帮助他们缓解负面情绪。运用像这样的应对策略的人专注于他们的情绪，而不是现实情况，被称为"以情绪为中心的应对方式"（*emotion-focused coping*）。就像处理问题一样，处理情绪的方法也有两种：试图修复、改善它们或试图逃避它们。

总的来说，在通过应对问卷评估的多种以情绪为中心的应对方式中，乐观主义与以下行为相关：

> 试着接受正在发生的事情；
> 试着用另一种方式思考问题；
> 谈谈这件事使其产生的情绪。

此外，乐观主义与以下行为的关联度较低：

> 假装什么都没发生过；
> 做点什么来转移自己的注意力（例如睡觉、喝酒、看电视）；
> 希望情况有所转变。

想象一下，一个乐观主义者之所以感到孤独，不是因为搬到了一个新的城镇，而是因为他在像南极洲这样的偏远地区工作和生活，试图对这种情况做点什么也不会有什么帮助，因为即使是他最好的朋友也不可能为了陪伴他而搬到南极洲。乐观主义者不会试图在这种情况下解决问题，而是更有可能尝试并充分利用所有资源，想一想有关这几个月发生的所有美好事物，或者在日记中将寂寞的感觉记录下来，这也是处理负面情绪的一种方式。另一方面，悲观主义者更倾向于对无法排解的孤独感采取与可排解的孤独感相同的回避策略，他可能会试图假装自己并不孤独，或者试图用酒精、毒品或情景喜剧来转移这些情绪。

不管情况能否改变，乐观主义者都更有可能采取直面问题的态度。此外，乐观和不同类型的应对方式——以问题为中心或以情绪为中心的方法——之间的关系也会随着乐观主义者所处的不同情况而变化。在很多不同的情况下，有很多研究都将乐观和应对策略联系起来，问题焦点和情绪焦点的作用也不同（例如，应对大学生活和应对创伤之间的区别或者搬到阿尔伯克基和搬到南极洲之间的区别）。所有这些研究结果都表明，乐观者对其当前所处的情况很敏感。当问题通常可以迎刃而解时，就像大学考试一样，乐观主义与相应的策略（以问题为中心的应对策略）密切相关。当问题不能像创伤那样被正面解决时，乐观主义者并不比悲观主义者更倾向于正面解决问题；相反，他们更有可能正面处理自己的情绪（以情绪为中心的应对方式）。

从资源的角度看，这种应对方式将帮助个体最有效地保留和重建资源。让我们来比较一下面对同样的问题时直面问题的效果和选择逃避的效果。在某种程度上，逃避现实可能会让你免受压力的折磨。如果你能去看几个小时的电影，你可能会暂时忘记明天是交作业的截止日期，但与此同时，你也可以通过充分利用时间和精力来努力在明天交上作业。当你坐在电影院里逃避问题的时候，你用来解决问题的资源正在流失。当你不能在最后期限前完成任务时，你可能会失去更多的资源（例如，你的工作）。那要是无法解决的问题呢？逃避现实同样是低效的，即使你对解决问题无能为力。你可能会在短时间内说服自己：你不想面对的情况并不真实存在，或者你并没有感到悲伤或生气。然而，这种策略很可能会失败，因为试着不去思考或感觉某些东西几乎不可避免地会让它成为你的思想的猎物（为了向自己证明这一点，请在接下来的一两分钟里试着不去想一头白熊）。当你的逃避策略失败时，你又回到了起点。与此同时，你可能已经适应了环境，学会了热爱南极洲。

就像追求目标一样，积极的心态在面对资源损失时会对我们有所帮助，因为它会引发一种与众不同的行为，在这种情况下，我们能够明智地采取行动来重建资源。就像在追求目标中一样，只有在你认为资源将起作用并且可以减轻压力（即资源损失）的情况下，投入资源来重建其他资源才有意义。然而，大多数有效的应对方法尽管更可能被乐观的人所使用，但它们并不要求你成为一个乐观主义者，它们只要求你采用乐观主义者使用的方法。

超越死亡

即使在无法控制的、危及生命的情况下，如果你没有逃避，你或许在忙着建立一种特殊的资源——生存资源。生存资源与生存本身无关，而是与生存的意义有关。存在主义理论家们发现了许多威胁到生存意义的问题，包括社会失范、与他人疏远、生活缺乏目标和无依无靠。生存资源可以被当作解决这些问题的方法。

一些典型的乐观主义者的以情绪为中心的策略，尤其是面对无法控制的压力的策略包括：

"我正在目前的困境中寻找积极的东西。"

"我试着从不同的角度看待它，让它看起来更积极。"

"我以一种良好的方式改变或成长。"

"这次经历让我比刚开始的时候感觉更好。"

这些策略看起来不像是对资源的部署或重建，而是就像看到了半满的玻璃杯一样，所以当乐观者用这种以情绪为中心的方法来应对创伤或健康威胁时，人们可能会认为这是可以理解的，他们用自己的能力积极地思考未来，并将其应用到压力事件中，尽可能积极地思考该事件。然而，心理学家看重的一个原则是用最简单的语言来解释大量现象的能力。因此，与其提出一种机制，让乐观者在可控事件中更多地正面关注问题（他们对追求目标的总体取向），不如让乐观者在不可控事件中更多地正面关注情绪（积极地思考），我们应该从乐观主义者对关注目标的总体倾向开始，而不是逃避现实。然后，我们可以把这种倾向概括为乐观主义者在压力下通过继续追求目标来保全和重建资源的倾向。因此，我们还可以推断这种积极应对困境的态度是乐观者通常会采用的，而这种做法的有效性与乐观者的自身状态和其所处的情况紧密相关。但是，像上面所述的策略正在构建什么样的资源呢？

人类至少有一个与其他灵长类动物不同的基本特征：对死亡的预感。每个人总有一天会死去，我们都很清楚这一事实，尽管在理想情况下我们不会经常去想它。对死亡的必然性的认识为我们提供了动力，使我们的思想依附于比我们活得更久的事物，这为我们提供了替代性的永生，减轻了我们对死亡的焦虑。想想人们以自己的名字命名事物的例子：我自己所处的环境（例如大学）中充满了人们通过用自己的名字给建筑物或奖学金来命名获得替代性永生的例子。当然，校园里最明显的例子是那些年轻的学生，他们中的大多数人继承了上一辈人的姓氏。

另一种应对死亡的必然性的方法是跳过替代性永生，相信个体也能获得永生。相信有来生对减轻人们对死亡的焦虑大有帮助，而支持一种信仰体系，即向那些在其戒律下"品行良好"的人承诺来生，为战胜人们对死亡的焦虑提供了一条途径。

对死亡的预见性导致人类会建立特定的目标和资源。这些目标和资源反映了人必须重视比个体更大、更持久的对象：国家、教会、家庭。在对目标的分类中，罗伯特·埃蒙斯（Robert Emmons）提出的两点（在本章前面提到过）反映了这一重要性的目标：生存和自我超越（二者的具体内容如表 3-4 所示）。在认同这些目标的过程中，人们将自己依附于更大或更长寿的实体，或与可能承诺他们更长寿（死后）的神性越来越亲密。

表 3-4　生存性目标与自我超越性目标

生存性目标	自我超越性目标
创造永久性的东西 为他人做贡献 对年轻人做出有意义的、积极的贡献 留下遗产或积极的影响	与神有关或学习神的知识 符合社会或道德理想 与文化、自然或宇宙融为一体

反过来，追求这些目标会带来有利于我们生存的资源，这些资源和贡献会在人死后继续存在。乐观者所使用的以情感为中心的策略可以被理解为一种通过将压力最小化，构建生存资源，或者通过构建"一个有价值的人在一个永恒的、有意义的世界里"的感觉的应对方式。

和其他资源一样，高水平的生存资源与高自尊紧密相关。回想一下，生存资源可以保护我们，使我们能够应对死亡威胁所带来的压力。死亡威胁促使人们不断建立他们的生存资源，并增强他们与某些实体机构的联系，这些机构要么在他们死后继续存在（例如，他们的国家或文化），要么为他们提供持续的存在意义（例如，他们的宗教）。

我当然非常希望找到黄金。
但我的真正目标是精神成长和内心的平静。

超越死亡的目标包括精神成长和内心的平静。

注：来自《纽约客》1998 年彼得·斯坦纳（Peter Steiner），卡通银行网站，版权所有。

当生存资源最匮乏时，我们的这种与实体机构增强关联度的动机应该最强。我们在使用一种丰富的资源时，不应该将其耗尽。例如，让你最好的朋友载你一程去机场，并不会促使你立即帮她一个忙，因为你们之间存在着深厚的互惠关系。但是，如果是向一个刚结交的人请求帮助，你可能会立刻想要给予其回报（例如，旅行时的小礼物、晚餐邀请、搭顺风车的邀请），因为你们的交情非常浅。

实验表明，自尊心强的人不太有动力去保留或重建他们的资源。在一项研究中，实验者让被试写下他们对死亡的感受以及他们认为自己死后会发生的事情，从而增强死亡的威胁性。然后，这些人给两篇文章打分：一篇对他们的国家（这里指的是美国）做出了高度正面的评价，另一篇则做出了负面评价。通常情况下，死亡威胁会导致人们更倾向于对国家产生正面看法，而非负面看法，因为他们会更积极地看待自己的公民身份，认为它象征着比自己的生命更大、更好、更持久的意义。然而，在这个实验中，自尊心强的人对自己国家的偏爱并没有加强。他们的高自尊反映了他们的生存资源足够丰富，以至于死亡的想法不会立即促使其重建这些资源。

从悲伤中成长

当人们面对死亡时，他们有所改变或转变他们的价值观——也就是补充他们的生存资源——的现象并不罕见。以下是一位重病新生儿父亲的例子：

> 她一出生，我就获得了一个启示。她诞生了，虽然她是一个刚出生不久的婴儿，但她正在教我们一些事情——如何正确看待事物，以及如何理解什么是重要的、什么是不重要的。我明白了一切都是转瞬即逝的，你永远不会明白生活将会为你带来什么。我已经意识到我不应该再浪费时间去担心一些小事了。

这种变化有很多标签。有些人称之为"寻找意义"或"寻找利益"，有些人称之为"创伤后成长"。但无论你怎么称呼它，有些人会通过与他人重新建立联系、享受生活、审视目标和价值或精神成长来与死亡对抗。

亲人的逝去对人们的影响几乎和任何生活重大事件一样深刻，而且往往是负面的，这主要体现在丧亲之后人们患抑郁症的概率和死亡率的增加上。除了失去一些社会资源，例如陪伴之外，亲近的人的死亡会提醒我们自己也将在某个时刻死去，这对我们来说是一种挑战。然而，乐观者对丧亲之痛的反应与悲观者不同。

> 一项研究中提到乐观主义者是如何在所爱之人去世后建立或确认社会资源和生存资源的。

例如：

> 拥有健康和充实的生活才是真正的幸福。我非常

感激我的家人、朋友、大自然。我在人们身上发现了善良的品质。

在家庭中，我们深刻了解了我们自己和彼此。我们的家庭为我们提供了支持、友情，并让我们学会团结一致。我认为这些是只有家庭才能给予我们的。

乐观者的心态经历了这些变化，并因此而免受丧亲带来的许多负面影响。与悲观主义者相比，乐观主义者的沮丧情绪会较少，对死亡的消极关注程度会较轻，并且情感（尤其是积极情绪）表达能力也会更强。丧亲后乐观者建立生存资源的心理保护作用会在其亲人死亡后持续一年以上（可能持续的时间更长，但研究没有再进行下去）。其他研究表明，接受过癌症骨髓移植治疗的人，以及接受这种治疗的孩子的母亲也有类似的效果。骨髓移植是一种强度大、风险大、压力大的治疗方式，患者需要在医院接受长时间的治疗，死亡的风险相当高，随后需要很长时间才能康复。同样，更乐观的患者和母亲认为治疗对他们的关系、目标和价值观有更积极的影响，因此他们有更高的生活满意度。

实现生存和超越自我的目标并建立生存资源的方法很多。你可以通过为当地的青年活动中心做贡献或植树在社区中留下持久的遗产，可以通过宗教信仰相信自己在死后获得了永生，或者你可以创造一些可以延续下去的东西，例如一件艺术品或一个家庭。同样，乐观的优势在于拥有投入和建设资源的可能性，而不是放弃和冒进一步损失资源的风险。

问题就在这里。有些构建生存资源的策略似乎对悲观主义者并不奏效。一组患有早期乳腺癌的女性被分成两组，一组是天生充满希望的乐观者，另一组不是，一些应对策略对乐观者有效，但对悲观者无效。其中一个策略是积极地重新解读这次经历，或者通过从经验中获取一些东西来应对癌症，将其当作个人成长的一部分，或者从更积极的角度看待它。这一策略帮助了乐观的女性，却没有帮助悲观的女性。同样，如果接受移植手术的孩子的母亲在手术后不久就被告知这种经历对家庭有积极影响，那么随着时间的推移，那些悲观的母亲就会变得更加沮丧；只有乐观的母亲在最初寻找并发现这种经历的积极方面后才会感觉更好。如果你的本能是用消极的眼光看待事物，那么一厢情愿或强迫自己认可那些你实际上并不相信的好处对你是没有帮助的。

生存资源和其他类型的资源之间的一个区别是，前者在大多数情况下是无形的。基本资源、社会资源和地位资源通常是有形的，或者至少是可以被量化的。如果你说自己拥有一定的基本资源，社会科学家可以通过使用你的客观健康指标和精力指标轻松地确认这一点。科学家可以对照你的社交网络有多强大的客观指标来确认你的社交资源报告。你的社会地位资源可以根据客观的衡量标准来确定，例如社会经济地位（接受的教育、收入等）。但是科学家如何客观地确认精神资源呢？更重要的是，拥有生存资源的人如何确认它们？只有认为精神资源存在的人才拥有这种资源。

　　乐观的人最容易建立生存资源，因为他们付出了很多努力来建设这种资源，并见证着资源扩充的过程。例如，他们为建立事业所做的努力可能反映在晋升、收入或奖励上；他们为建立关系所做的努力可能反映在感情的表达上。乐观主义者已经在他们的生活中一次又一次地看到了积极预期是如何帮助其自我实现的，所以他们相信生存资源也会起到相同的作用。这与他们的经验是紧密相关的。

　　然而，由于悲观主义者没有这样的经验，他们可能更难以相信他们为建立资源所付出的努力会有回报。有了具体的、可观察的资源，这种信念可能就会被打消了。悲观的人可以在乐观地行事的过程中获益，因为无论你是否在内心深处相信努力坚持能使自己更健康、更富有或更聪明，你都会得到回报。如果你多运动，无论你是否相信这样做会让自己变得更健康，你都会变得更健康。积极的信念（而不是锻炼的效果）会增加你锻炼的概率。另一方面，在建立生存资源上所付出的努力取决于个体的积极信念。这种信念可能建立在这样的现象上：乐观的信念和努力地投入最终会发挥作用，而这是悲观者所没有的。

　　我并不是说一个喜怒无常的悲观主义者无法颠覆这种现象。乐观对应对方式和应对资源的影响并非如此。迄今为止的证据表明，乐观的人会更坚定地追求他们的目标，使他们通过追求目标或有效地应对压力来建立资源。乐观主义者似乎更快乐、有更高的自尊和生活满意度，因为他们正在建立可用的资源，而不是因为他们本身是积极的人。这个观点表明，从乐观到提升自尊水平和生活满意度的过程中，我们必须实现许多目标并建立一些资源。通过积极地思考来强迫自我提升、获得幸福感或发现利益，试图绕过实现目标和积累资源，甚至可能把人们带入创造幸福的"错误轨道"。强迫自己变得积极的后果可能是失败，例如，当学生们在考试中表现不佳而被鼓励更积极地看待自己时，或者当患有乳腺癌的悲观女性无法从试图以积极的眼光看待自己的疾病时，情况就会有所不同。坏消息是，乐观是没有捷径可走的。好消息是，你不必抱着乐观的态度去绕远路，只要按照乐观者的做法去做，这样做甚至可能会开辟出新的路线——例如实现自我超越性目标和建构生存资源。同样，当谈到乐观主义者和幸福感时，请像乐观主义者一样努力生活，但别那么乐观。

BREAKING
MURPHY'S LAW

4

第 4 章

一起快乐：
乐观主义者及其人际关系

通常一种资源就是一种资源，这意味着你可以拥有很多种资源，也可能只有一种资源或根本没有另一种资源。毕竟，你可以有很多美元，而没有很多欧元，但你仍然很富有。另一方面，我们很难想象一个人只有一种资源或者至少有一种被认为是非常普遍的资源，就能快乐。像迈达斯国王（King Midas）的故事这样的寓言甚至警告人们，当一种资源（例如，黄金）比另一种资源（例如，家庭成员）更有价值时，会发生什么。虽然一个家庭拥有黄金似乎是同时获得地位和社会资源的完美解决方案，但事实证明，作为一种可兑换货币的黄金并没有现金那样管用，而作为社会资源也无法发挥很大作用。

拥有一个多样化的目标、资源等"组合"是很重要的，但其中一些比另外一些更重要。心理学家亚伯拉罕·马斯洛（Abraham Maslow）的《需求层次理论》（*Hierarchy of Needs*）很好地阐述了这一观点。需求中既包括目标又包括资源。作为动词，"需求"是表示"拥有作为目标"的祈使语气。作为名词，"需求"是一种必要的资源。马斯洛提出，有些需求，例如食物、水、睡眠、住所和安全是人类的最基本的需求。满足人们的这些需求意味着能使人们保持活力和体力，这是实现几乎所有其他目标和建立几乎所有其他资源的先决条件。

"So, does anyone else feel that their needs aren't being met?"

图 4-1　乐观主义者和他们的人际关系
社会资源一直是人类生存的重要因素。

注：来自汤姆·切尼（Tom Cheney），卡通银行网站，版权所有。

在基本需求得到满足之后，对人类来说第二重要的需求是归属感。社会交往是人类生存的内在要求，社会资源是人类生存的必要条件。我们是群居动物，因此我们总是互相依赖。人类的互动对儿童的发展至关重要，正如我们在少数案例中看到的那样，儿童在没有与其他人接触的情况下长大，从未发展出正常的语言或行为。即使在成年人中，那些被孤立的人也比那些有更多社会联系的人去世得早。

归属感如此重要的一个原因是，从历史上看，我们一直是彼此的基本资源来源，为彼此提供食物、住所和保护。然而，时代变了。虽然穴居人不能独自生活，但现代人却可以。那么，为什么社交网络仍然对幸福至关重要呢？我们人类应该是社会性的，我们需要与他人互动。即使我们能够在经济上为自己提供食物和住所，我们也买不到快乐。金钱不能使我们快乐，但人际关系却能。当你看到与更多的快乐和幸福相关的资源时，你会发现家庭的支持、亲密的朋友，以及与另一半的牢固关系是最重要的，而像金钱、智力、知识、人际关系甚至健康这样的资源都排在更靠后的位置。结婚带来的社会资源所增强的幸福感比中彩票带来的经济资源所增强的幸福感要长久得多。虽然各种各样的资源都很重要，但显然，其中一些社交资源同样重要。为了获得真正的幸福，其他人必须参与其中，引用一位著名的社会心理学家的话："你不能只做你自己。"

移动的目标：将他人当作目标和资源

拥有丰富的友谊资本或社会资源将会使我们保持健康。拥有更多社会关系的人能降低对普通感冒的易感性以及降低死亡风险。奇怪的是，对社交网络的研究往往只停留在社交网络的质量及其与未来死亡率的关系的快照上：在某个特定的时间点，那些拥有良好的或庞大的人际网络的人的寿命更长，而那些拥有不良的或狭小的人际网络的人最终死得更快。[①] 然而，社会关系的真相是非常复杂的。社交网络与其说是你所拥有的，不如说是你所"制造"出来的——它反映了你在建立、维持，甚至精简社会关系方面所采取的行动。

令人惊讶的是，关于人们如何建立大型社交网络的研究很少。具备外向性的性格特征预示着个体拥有更大的社交网络，但这种分析直接假定外向者具备某些特征而忽视了他们为此所付出的努力。尽管如此，你不需要一个社会心理学的学位就可以弄清楚为什么有些人比其他人拥有更大的社交网络。你在社会关系上付出的努力越多，你的社会关系就越多。一项关于日常事件的研究记录了被试接到的电话和信件的数量（这项研究是在 20 世纪 70 年代进行的，当时人们主要通过口耳相传而不是电子邮箱获得朋友和家人的消息）。最好的预测指标：打电话和写信的次数。另一项针对住在宿舍的已婚大学生的研究表明，那些在宿舍参加活动更多、对邻居了解更多、更频繁地

与邻居聊天和拜访他人的人也更了解那些愿意帮助他们解决个人问题和日常需求的人。向别人伸出援手并不能保证那个人一定也会向你伸出援手，但如果你没有伸出援手，这种可能性就会降低。如果你不为维系友谊进行投资，你就无法建立社会资源。

但是，建立社会资源并不像去银行存钱那么简单，因为社会互动是双向的活动。社会资源是追求自己的目标并且在不断积累他们自己的资源的其他人，同时，你把这些人当作你的目标和你的资源的存储库。金钱和教育等能代表个体地位的资源并不特别在乎它们属于谁。时间和精力等基本资源也是如此。尽管很难说明这一点，但你所拥有的基本资源极有可能并不关心你是谁。但是，社会资源对于是否想成为你的社会资源却有非常明确的评判标准，任何经历过单恋的人都知道这一点。

由于社会资源是动态的，因此我们需要对所有额外的因素都加以考虑。资源构建者需要考虑一个问题：用于构建静态资源（如金钱）的策略是否也可以用于构建动态资源（如友谊）？乐观的坚持不懈的策略是有效的，还是会对个体实现目标造成干扰？从上述目标的角度来看，还有一个问题是这个坚持不懈的乐观主义者是否会成为建立社会资本的好伙伴，或者其他人是否可能做得同样好。还有一个问题是，两个人如何交换社会资源，并进而形成互惠互助的关系。考虑清楚何时、何地利用社会资源，以及乐观主义如何影响社会资源的使用或开拓会是个好主意。在实现社会目标时，自我调节（即个人的目标导向行为）是重要的，但更重要的是不同个体之间的互动行为，我们可以称之为"社会调节"。

最后，因为拥有社会资源通常意味着与他人的密切接触，所以也存在这样一个问题：这种接触如何影响你实现和评估其他目标的方式。你花在金钱上的时间不一定会改变你对其他目标的看法，也不一定会改变你是否以令人满意的速度朝目标前进。你的钱并没有使你做得更好或更差——事实上，它没有做任何事情。另一方面，你的朋友、家人和邻居不仅仅是你的社会资源的存储库，从某种意义上说，他们也是竞争对手。与他人相处会影响你为自己设定的目标和标准。事实上，心里想着另一个人会影响你的目标：研究显示下意识地呈现一个重要的人的名字（例如，你的母亲、你的朋友）会使你更努力地兑现对与这些人相关的目标的承诺（例如，打扫你的房间、出去喝杯啤酒）。最重要的是，其他人是如何做的、他们取得了多大的进步、他们有多少资源影响着你对自己的进步和资源的标准？社会比较——"攀比"的过程——可以是鼓舞人心的、令人沮丧的、缓解或引发焦虑情绪的，这取决于你如何去做。

当你和别人在一起的时候，很多事情都会同时发生。你可能正在为了达成你的目标去交一个新朋友，而同时另一个人正在根据他自己的交友目标来评估你，并考虑你是否会成为他的一个好朋友。你也可能意识到这个人是如何让你看待他和他的目标的，这将影响他是否看起来能与你建立一段不错的友谊。建立社会资源尤其棘手，因为你必须在所有这些层面上都取得成功，才能使社会关系发挥作用。此外，当相关人员在所有这些层面上都取得成功时，他们会努力在彼此之间建立更亲密的关系，他们可能会比一个人单独追求一个目标时取得更快的进展。如果你的目标之一是阅读《战争与和平》（*War and Peace*），你必须清楚《战争与和平》这本书不会帮助你更快地达到目标。另一方面，如果你和你的邻居都想与彼此成为朋友，良好地互动的愿望和行动将拉近你们的距离。社会规范有更多潜在的陷阱，但也有更多潜在的益处。

你愿意做我的邻居吗：乐观主义者和友谊

　　社会将接纳资源和社会关系资源视为非常重要的资源，大多数人——即使不是全部——都有社会目标。第 2 章提及的玛丽和詹妮弗的目标清单中都包含了社会目标，主要包括结交新朋友、认识更多的人，以及和男朋友保持良好的亲密关系。当我对学生的目标进行分类时，39% 的目标与获得好成绩、毕业、即将毕业或考上研究生等方面有关。另一方面，取得进步并不是他们所追求的唯一主题。与他人建立良好的相处模式也很重要：学生们有很多目标（22%）与被他人所接纳和归属感有关，即建立、维持或修复关系。

　　我还询问了法律专业的学生的目标。与其他本科生一样，法律专业的学生也列出了取得好成绩、在法学院出类拔萃等目标。他们中的大多数人至少有一个社会目标也与其他本科生一样，例如结交新朋友、与老朋友保持联系或与朋友和家人共度时光。然而，与其他本科生相比，法律专业的学生在实现社会目标方面面临着障碍。法学院严重限制了学生的自由，这使他们很难去维系社会关系。一名学生甚至说，他很难享受与法学院以外的朋友在一起的空闲时间，因为他几乎一直专注于法律（除了其他法学院学生以外，几乎谁都不愿意与他交谈）。另一方面，克服这些障碍并为建立社会关系付出努力极有可能使我们在将来获得回报，因为社会资源与身心健康有着密切的关系，所以你绝对不会想让这种资源枯竭。

　　乐观主义者对自己目标的态度——更高的期望、更大的承诺——表明，尽管法学院对学生们的要求比较严苛，但更乐观的法学院学生还是会努力坚持实现自己的校外目标。与其他本科生相比，乐观的法律系学生与悲观的法律系学生并没有不同的目标。几乎每个学法律的学生都有某种社会目标。问题是，法学院的压力对这些目标有什么影响？它们是被排在"要做的事情"列表的最前面，还是被忽视、被排到最后？

　　因为我没有让我的研究团队整天跟着法学院的学生，观察目标活动的证据，所以我不得不间接地推断目标活动。事实上，如果你制定了一个目标清单，首先出现在你脑海里的很可能是你正在积极关注或正在努力实现的目标，因此它会出现在清单的顶部。相反，如果你不得不绞尽脑汁才想起某些目标，那么它们可能不是你最积极的目标。这些不太积极的目标会更接近清单的底部。在法律系学生中，乐观不一定与社会目标相关，但最高目标是社会目标的可能性与乐观的程度密切相关。在一个悲观的学生的清单上，任何给定的目标是社交目标的概率是 1/5。这些目标排名中任何一个排前三的成功概率都下降到了 1/7，这表明社会目标在悲观主义者的头脑中并不是最重要的。相反，悲观主义者似乎会更狭隘地只关注着自己在法学院取得的成就。与其他目标相比，与法学院相关的目标更有可能出现在所有法学院学生的目标列表的最前面（毕竟，这是他们每天都在努力去做的事），但他们似乎排除了悲观的学生的其他目标。[①]

　　另一方面，在一个乐观的学生的列表中，任何给定的目标是有关社交的概率是 1/6（与悲观主义者相同），但前三名中的任何一个的概率都更高，大约是 1/3（是悲观主义者的 2 倍）。社会目标在乐观的法律系学生心中是最重要的。实际上，悲观主义者和乐观主义者之间的巨大差异表明，乐观主义者把问题（例如，在读法学院期间如何维持人际关系）放在最优先的位置，而这些问题可以成为解决问题的积极目标。因为悲观主义者对积极地解决问题不那么感兴趣，所以他们也不会时常思

---

① 对悲观主义者来说，任何既定目标与法学院相关的概率都是 1/5；在前三名中，与法学院有关的目标的概率是 2/3。

考这些问题。相反，他们会将与他人建立联系的目标从自己的待办事项清单上划掉，进而将其纳入其希望有机会做的事项当中。如果你回顾过去的时光，你可能会想，如果你有机会的话，你可能会希望邀请某个人出去约会，但是你面临着一些障碍，因此似乎你还没有等到合适的时机。悲观的人会有很多这样的记忆：无论何时，情况都是困难的，对他们来说任何时间似乎都不太合适。他们从来不会不顾困难抓住机会，而是倾向于让社会关系和机会从他们的脑海中溜走，消失在迷雾中。

另一方面，乐观主义者更关注社会目标，即使是当时间和精力都非常宝贵，并且关注社会目标能为其带来的回报并不是显而易见的时候。乐观主义者更有可能把时间和精力投入到友谊和其他社会关系中，从而交到更多的朋友。在一项针对芬兰大学生的研究中，那些期待积极的社会关系的人——社交乐观主义者——更有可能寻求社会交往，而不太可能避免与他人交往。研究结果表明，在社交方面乐观的学生不那么孤独。此外，当学生被要求提名 3 位他们熟识并会打电话给朋友的人，以及 3 名他们不太熟识且没有与之交流过的学生时，乐观的学生更有可能被提名为朋友。这种效应的产生是由于社会行为：社交乐观导致社会交往，社会交往导致个体受欢迎；相反，社会悲观主义导致社会退缩，从而导致个体被社会忽视。悲观的学生并非不受欢迎，也就是说，他们没有很明显地被他人所反感。他们只是名不见经传，因此也无从得知自己是受人喜爱的还是厌恶的。同样，在一项针对大学新生的研究中，乐观的学生在大学里有更多的朋友，他们觉得和这些朋友很亲密，并认为可以向他们寻求帮助，也可以向他们倾诉；他们在第一学期的前 3 周就建立了这些关系；到学期末，他们又结交了更多的朋友。虽然比较悲观的学生在这个学期也交了朋友，但是他们结交朋友的数量远不及乐观的学生多。你会在休息间的孤独的人群中发现比酒桶派对上的交际花中更多的悲观主义者。

　　除了拥有更多的友谊之外，乐观者的友谊也更长久。在一项衡量友谊持续时间的研究中，学生们报告说，他们的友谊平均持续了近 6 年。当然，这个平均值是因人而异的，悲观主义是预测友谊是短暂的因素之一——悲观程度每增强至更高的水平，友谊的平均持续时间就会缩短 4 个月。为什么乐观者的友谊持续的时间更长，而悲观者的友谊会随着时间的推移而消逝呢？一种可能是，正如乐观对社会目标和行为影响的证据所表明的那样，悲观主义者很容易停止对他们的友谊进行投资，他们一旦遇到障碍就不会再维系一段友谊，他们会让友谊中的"资本"逐渐消失，最终友谊终结。当两个悲观主义者交朋友时，这一点可能尤其明显：他们或许会以同样悲观的视角看待生活中的一切。如果一个悲观主义者找到了新工作并开始工作更长时间，会发生什么？谁会去努力弄清楚他们什么时候能够见面？一个悲观主义者太忙了，而"被遗忘"的悲观主义者可能会联想到关于其友谊的消极想法，而不会克服障碍进而维系这段友谊。

成为一个受欢迎的乐观主义者让你更富有魅力

乐观者享受在社会中取得的成功也意味着乐观者被视为可交往的好朋友的人选。（毕竟，友谊至少需要两个人才能被建立。如果他们发现你的坚持只是一意孤行，那么这个世界上所有的坚持都不会结交或留住朋友。）事实上，这项研究证实了这一点。大量的证据表明，与不快乐的人相比，[①]人们更愿意与快乐的人在一起。一个重要的原因是他们在避免"传播负面情绪"，即在互动中一个人的情绪会潜移默化地影响另一个人。乐观是一种态度，而不是一种情绪，但是那些有悲观态度的人，例如那些处于消极情绪中的人往往会使其他人避而远之。当被试阅读那些表达悲观或乐观观点的"人"的访谈内容时（这些访谈实际上是由实验者编造的），他们对与更乐观的"人"进行社交互动更感兴趣。例如，当被试被要求建立一段新关系时，回答"周围有这么多人，我肯定会找到合适的人"的人比回答"我想我在这里永远找不到合适的人"的人更受欢迎。积极的情绪和消极的情绪也对被试产生了一定效果，但

---

① 只有一个例外：不快乐或焦虑的人似乎更喜欢和其他不快乐或焦虑的人在一起。这也许是同病相怜，但最重要的是双方都处于非常悲伤的状态中。

是，在决定被试是否有兴趣花时间和"那个人"在一起时，态度比情绪发挥着更重要的作用。暂时心情不好的乐观主义者比暂时心情好的悲观主义者更有吸引力。

我们从对"访谈"的反应可以看出，个体与乐观者进行真实社交互动时比与悲观者进行互动时更积极。匹兹堡大学的一个研究小组让 50 名女性和 50 名男性在 3 天内每半小时写一次日记。那些没有把日记撕成碎片的人每天要写 20 次左右，他们需要写明在过去半小时内自己是否有积极的、消极的或中性的社交活动。① 悲观的人有更多的负面社会互动的情况也许并不奇怪。此外，尽管社交活动总体上增强了个体的幸福感，但对于悲观的人来说，社交活动并没有为他们带来多少幸福感。阅读"访谈"的学生的偏好反映了一个现实世界的现象：与一个乐观的人交流比与一个悲观的人交流令人更积极、更快乐、更愉快。

与更乐观的人交流是一个很有吸引力的提议，因为他们不太可能心情不好，因此，传染消极情绪的风险更小（尽管访谈研究表明，为了避免与悲观主义者互动，人们会冒直面消极情绪的风险——你宁愿坐在感冒患者旁边，也不愿坐在结核病患者旁边）。但是，拥有乐观的朋友还有一个潜在的、更有价值的原因：和乐观的人交往会让你更有吸引力，就像照镜子一

---

① 令人惊讶的是，没有人用牙齿把日记撕成碎片，尽管他们偶尔也会写不出任何内容（6 211 次中只有 161 次）。

样。社会心理学的一个经典实验表明，关于某人是什么样的信念实际上造就了这个人的这些品质。在这个表面上看似是关于非语言交流的实验中，实验者使用了 2 张照片，一张照片中是非常漂亮的女人，另一张照片中是不太漂亮的女人。研究人员给每位男性看了其中的一张照片，并告诉他们，每个人都将与那位女性进行电话交谈。事实上，这张照片中的人并不是他们后来与之通电话的那位女性。女性被试被随机分配给男性被试，她们并不知道男性被试已经看过哪一张照片。

吸引力是操纵人们对一个人的各种期望的一种方式。不管是好是坏，长得好看的人被认为有很多其他的优点，所以长得好看就会产生一种"光环效应"。当男性认为他们将与一个有魅力的女性互动时，他们希望她比一个不太有魅力的女人更善于交际、落落大方、幽默、善于社交。《雨中曲》（*Singin' in the Rain*）的整个情节就是基于这种效应而被设定的。如果观众们没有预料到莉娜·拉蒙特（Lina Lamont）的美貌会伴随着机智、优雅和智慧，那么就不需要凯西·塞尔登（Kathy Selden）这一角色了。看到一个有吸引力的女人的照片会使男人对她的品质变得乐观，并且与之进行电话交谈的积极性也会相对较高。相比之下，当男性看到一个不太有吸引力的女性的照片时，他们对她本人和与之电话交谈都变得悲观起来。

每对被试需要在电话中交谈 10 分钟，然后评委们只根据女方谈话内容的录音来评价女方的素质。尽管事实上每位女性都是被随机分配的（而不是根据吸引力或个性），而且她不知道自己的谈话对象对谈话的期望是高是低，而女人在互动方面有明显的不同。当男人认为女人有吸引力时，女人实际上会更自信、更有活力、更享受谈话、更喜欢她的搭档。男人的期望表现在女人的行为上，即使她并不知道这些期望的存在。持有积极期待的男性在搭档面前表现得最好，而持有消极期待的男性的表现则一般。

没有什么比坠入爱河更能让你具有吸引力了。这是为什么呢？你是否会释放出某种很多人都缺少的爱情信息素？这当然是可能的，但这有可能是你自己的行为造成的。也许不是你恋爱了，而是有人爱上你了。不知不觉中，你的爱情商（即使自己更易被人所爱）陡然提高，这可能会导致人们对你的这种期望做出反应。

乐观主义者可能会有更多的朋友，也会与他人进行更多积极的互动，部分原因是他们在建立关系时有着更积极的期望。通过接近那些对未来有积极信念的社会交往和真正的或潜在的朋友（特别是那些对未来有积极信念的人），那些更乐观的人会基于一种对未来充满积极期待的方式行动。此外，因为人们期待与乐观者有更多积极的互动，乐观者也期待与他人有更多积极的互动，所以他们的互动满足他们的社会需求的可能性会成倍地增加。由于互动变得更加积极，因此积极的预言很可能会成为现实。这种预言效应适用于各种社会关系，包括夫妻关系、师生关系等。

这个预言的实现，就像乐观主义的其他积极影响一样，并不是我们仅仅有所期望就能实现的。一项针对新婚夫妇的研究表明，他们的幸福感必须得到乐观行为的支持。这项研究对新婚夫妇进行了 4 年的追踪调查，主要调查他们对婚姻的满意度，并将这种满意度与他们对婚姻和伴侣的最初期望——对婚姻保持乐观态度——联系起来。对乐观者来说，好消息是那些一开始就对婚姻持乐观态度的人对自己的婚姻也更满意；坏消息是满意度会随着时间的流逝而下降，在 90 分的范围内下降了约 5 分，而乐观并不能阻止满意度的下降。

这项研究中最有趣的结果与婚姻中的行为有关。虽然你可以为你的伴侣做很多好事，例如挠背或者剪脚趾甲，但是这项研究关注的是在婚姻道路上有障碍时可能发生的两件更重要的事情。第一种行为是在抒发不同意见时进行积极的互动：你能在谈论公婆的时候就事论事而不说他们的坏话吗？第二种行为是假定你的配偶是无辜的：如果你的配偶开始花更多的时间在办公室，你认为他是因为被分配了额外的工作，还是想故意逃避洗碗？事实证明，乐观有助于维持婚姻满意度的程度取决于伴侣的这两种行为。乐观的夫妇在出现分歧时表现得很积极，并倾向于相信他们的伴侣，四年来他们的满意度很高，也很稳定。如果你采取行动去实现那些期望，那么你的乐观态度就能帮助你自我实现。我们对未来的积极展望能使我们拥有创造积极未来的能力，但美好的愿望不会凭空实现。另一方面，没有这种远见，愿望也无法实现。那些有能力变得积极和宽容，但对自己的婚姻持悲观态度的人不仅一开始就比乐观的人对婚姻更不满意，而且随着时间的流逝，他们会变得越来越不满意。虽然他们在婚姻中能够以积极的方式行事，但悲观者可能并没有真正发挥他们的能力。没有动机（即在婚姻中使用这些技能的理由），也就是说不够乐观，个体就无法做出积极行为和获得更满意的婚姻。

从友谊银行提款

在建立了社会资源之后，我们如何最好地利用它们？毕竟，资源不仅可以被构建，还能够被转换成其他资源，这取决于什么是最被需要的。当不好的事情发生时，社交网络可以提供物质上的支持（当你的车坏了的时候，一笔贷款能帮你熬到下一个发薪日，它也能帮你乘车去修理厂或去上班），以及情感上的支持（他人对发动机的失灵表示同情并使你明白汽车出故障与你的人品无关），或者两者兼而有之。如果压力可以被视为一种资源的损耗，那么其他人就可以在资源受到威胁的时候用一些方法来缓解压力。

然而，由于人们的目标在不断变化，因此人们耗费社会资源的步骤比花费金钱的步骤要多得多。因此，社会支持可以分为三个步骤或阶段，乐观可以影响每一个不同步骤的结果。第一阶段是感知到社会支持或潜在的社会支持。如果你需要帮助，有多少人愿意提供帮助？积极的期望可以让人们期待更多的人在他们的社交网络中作出更积极的反应。第二阶段是寻求社会支持。人们并不总是试图自己解决问题，他们会利用自己的社交网络来获得帮助。积极的期望可以引导人们利用他们的社交网络来帮助其解决问题，因为他们相信问题是可以解决的。除非你相信自己可以获得帮助，否则你为什么要请别人来帮助你呢？最后一阶段实际上是接受社会支持——也就是说，其他人真正为你提供了帮助。因为人们更喜欢乐观主义者，并与他们相处得更好，所以当需要帮助乐观主义者时，他们可能更愿意提供帮助。

虽然有很好的理由预测乐观者会感知、寻求和接受更多的社会支持，但唯一一致的发现是，更强烈的乐观会引起更强烈的社会支持感知，也就是说，乐观者如果需要便有可能获得更多的社会支持。乐观的大学生比悲观的大学生期待更多的情感交流（例如，倾听感受）或获得有形的支持（例如，搭便车）；乐观的急救人员从身边的人那里获得了更多的支持；关心患有艾滋病的同伴的乐观男性会感受到更多的社会认可（例如，人们认可你做事的方式）、爱、尊重和支持；接受心脏康复治疗的乐观的成年人能感受到更多的同情并获得更多的信息和有形帮助；乐观的乳腺癌患者能感受到更多的爱、情感支持和获得更多有形支持。这些人的情况有很大不同，但在所有这些人中，那些更乐观的人认为，他们可以获得更多的社会支持，无论是从情感验证方面还是搭车去修理厂。

这是一个有点不足为奇的发现。毕竟，询问人们感知到的社会支持是让他们想象如果他们需要支持时会发生什么，而乐观主义的定义是期待一个积极的未来。在这种情况下，乐观的人是在想象一个积极的未来：其他人已准备好并愿意帮助他们。

然而，当我们谈到社会支持链的下一个环节时，一个惊喜出现了。一般来说，一个拥有大的社会网络和高水平的感知支持的个体应该充分利用这些资源来处理压力，也就是说利用社会支持来处理。当持有这些资源的人比较乐观时，情况就不一样了。只有一项研究显示：对朋友的求助反应更乐观的大学生也更有可能寻求帮助。另一项针对大学生的研究显示：尽管那些更乐观的学生有更多的朋友和更多的社会支持，但他们不太可能通过寻求社会支持来应对压力。其他几项针对不同群体的研究也与第二项针对大学生的研究结果一致：虽然乐观的人认为他们可以得到更多的社会支持，但他们不太可能要求他人给予自己这种支持或从他人那里得到更多的支持。例如，乐观的艾滋病患者的看护者在伴侣死前和死后都感受到了更多的社会支持，但是乐观和悲观的看护者实际上从他们的网络中获得了同样多的支持。

事实上，感知社会支持但不使用它被证明是使用社会资源的最佳方式，因为感知社会支持比寻求和接受社会支持更有益于幸福和健康。感知到的社会支持伴随着更少的压力、更少的抑郁及其他精神症状、更高的自尊、更好的睡眠和更健康的体魄。另一方面，寻求社会支持却不接受社会支持会使个体的状况变得更糟。当人们真正介入并提供帮助时，他们可能无法帮助你解决你的问题。例如，当一个人真正需要的是搭车去修车厂或贷款来支付租金时，帮助他修车的人可能只是同情他的境遇。[①] 相反，当你真正需要的是同情和倾听时，帮助者可能会倾向于帮助你解决问题。如果你觉得自己在工作中感受到了压力，解决办法可能不是减少工作量，而是找到能够理解你的听众。社会支持如果提供了一种错误的补救方法，就无法为个体提供很好的支持。

另一方面，有人介入和提供帮助也可能是表明被帮助的人没有能力独立处理问题的一个信号。这极有可能打击个体的自尊。然而，人们需要真正的帮助，仅仅有一个可以提供支持的人是不够的，难道不是吗？

也许是吧。记住，压力可以被定义为资源的净损失，请求和接受社会支持意味着使用社会资源。这种方式可能会抵消另一种需求（例如，有一个可以哭泣的肩膀或让别人帮你搬沙发），但是接受社会支持会耗尽社会资源。资源消耗与感觉更好没有关系，相反，资源消耗通常会导致个体感觉更糟。

---

① 在我看来，这种被误导的帮助尤其令人恼火，因为这种同理心涉及所谓的帮助者在遭遇事故时的故事，他们的车在商店里，这种情况实际上比你的更可怕，因为他们的车比你的新。当然，"帮助者"认为向你讲述一个比你的经历更悲惨的故事会让你感觉好一些。实际上，你现在很生气，因为你的问题已经被缩小化了，你仍然需要搭车去修车厂。

心理学家尼尔·博尔格（Niall Bolger）和他的同事在一组律师和他们的配偶中发现，拥有支持和寻求支持之间的区别非常重要。博尔格从纽约州律师资格考试前的一个月到考试后的一段时间内，每天都对这些夫妇进行跟踪调查，评估夫妻双方是否互相支持，以及他们的苦恼程度。与花费社会资源对个体心理健康没有帮助的观点相一致的是，当律师们说他们的配偶通过倾听、安慰或两者兼而有之地来支持他们时，他们第二天会更加焦虑和抑郁。与这一阶段的社会支持随之而来的是痛苦，这是研究设计的一个重要方面，因为如果不是这样的话，更多的倾听和安慰可能是由焦虑和压力引起的。

更让人意外的是，当配偶们说他们会倾听并安慰他们的伴侣，而律师们却没有意识到这一点时，律师们第二天的焦虑和沮丧程度就会减轻。"无形的支持"是最好的支持。社会支持可能是有帮助的，但只有当它不伴随着消耗社会资源的感觉时才会为个体带来帮助。作为心理学家，当我们询问人们所要求和得到的社会支持时，我们实际上是在问他们对自己的社会资源的利用程度。换句话说，答案是耗费资源并不会为人们带来巨大的心理益处，这并不奇怪，因为益处来自于建设资源，而不是耗费它们。

其他有趣的现象表明，获取、建设和拥有社会资源会使人们获益，而耗费社会资源却不会。首先，与更大的社会网络相关的较低的死亡风险可能是该网络内提供的支持的功能。在一项研究中，有更多社交联系的人死亡率降低了19%，这与其他所有发现一致，即更大的社交网络有利于个体的健康。这项研究的惊人之处在于，在保持身体健康不变的情况下，那些给予他人更多社会支持的人的死亡率降低了 43%。接受社会支持基本上没有任何效果——如果深究的话，它稍微增加了死亡风险。当涉及人际关系时，给予支持可能比接受支持更好，因为给予支持实际上能为我们建立社会资源而不是消耗社会资源。此外，给予支持会为我们带来最有益的社会支持，即对社会支持的感知。在本章开头提到的已婚学生宿舍的居民中，最大的社会支持因素是被试所帮助的人数。因此，帮助别人可能会给你带来一种置身于互相帮助的人际网络中的感觉，而这种感觉会缓解你的压力。

这种感知行为不仅仅是存在银行里的友谊资本的支票。我们将发现社会支持实际上会保护我们免受压力的负面影响。以你最好的朋友或另一个支持你的人为对象，回答以下问题：

你最看重或欣赏这个人的哪一方面？

这个人最看重或欣赏你的哪一方面？

这个人为你提供了哪些支持或帮助？

当你离开他／她几个小时或几天后看到他／她时，你有什么感觉？

如果你现在要去做一些让你倍感压力的事情，例如发表一次演讲，你已经通过思考你的人际关系和社会支持来减轻了它的负面影响。一项研究要求人们思考支持关系（就像与你刚才想的那样）或熟人。然后，每个人都需要在实验室里发表演讲。与仅仅想着熟人的人相比，那些想着支持自己的好友的人在演讲时感到不那么焦虑，心率和血压也更低。

你不可能一辈子都不向别人求助。一方面，人们需要相互依赖。如果没有其他原因，只是想要确认彼此关系如何，就给彼此一个机会去做最有益的事情——互相帮助。总有一些时候，我们需要请别人来帮助我们。另一方面，像布兰奇·杜布瓦（Blanche DuBois）那样，接纳陌生人的善意而不给予任何回报，似乎会剥夺我们的幸福感。

向上的灵感

乐观的信念能帮助我们在社会中实现自我，因为它们能构建积累社会资源的所有必要步骤：乐观主义者的行为方式使人际关系迅速发展（退缩或不努力肯定无法使你建立关系），他们的行为方式使他们成为更有吸引力的伴侣，他们使用社会资源来应对压力，但不会耗尽它们。

社会关系也可以帮助乐观者实现其他目标。在追求目标时，判断目标进展的主要方法是看别人做得如何。当你环顾四周，看到别人比你做得更好或更差时，社会比较就会发生：他们比你有更强或者更弱的吸引力或生产力，或者一个人有一辆宝马而另一个人没有。每次你验证自己是否在和别人攀比时，你都是在进行社会比较。社会比较的一个重要功能是提供一个标准，用来评估你的目标和取得的进步。当你发现自己比别人做得更好时，这种反馈表明你做得很好，甚至可能比你预期的还要好。当你发现自己做得比别人差时，这种反馈表明你做得很差，甚至比你预期的还要差。

我从 9 岁开始拉小提琴，可以称得上是一个老手了。在我的记忆里我在小时候是一名优秀的小提琴手。我的乐感比其他大多数十几岁的小提琴初学者都要好，而且我的进步很快。我不知道艾萨克·斯特恩（Isaac Stern）和伊扎克·帕尔曼（Itzhak Perlman）是谁，虽然我知道世界上有"神童"，但我一个也不认识。我只是继续坚持拉小提琴，后来我的弹奏水平得到很大程度的提升，以至于我的父母以及邻居都能忍受听我演奏。

成年后学习演奏小提琴等乐器的人就没那么容易了。成年人似乎会面临很多困难。例如，在演奏小提琴或长笛等乐器时，成年人会摆出尴尬的姿势并且很难适应。然而，我认为成年人最大的劣势和学习乐器的最大动机是一样的：他们喜欢听音乐。未来的成年小提琴家向往演奏的不是一般的小提琴初学者所演奏的《一闪一闪小星星》，而是专业的独奏者演奏的勃拉姆斯小提琴协奏曲。在社会比较的层面上来看，这就像住在豪宅隔壁的小屋里一样令人沮丧。

向上比较（你比别人做得差）会导致沮丧，因为你似乎落后于别人。你可能会开始怀疑自己的能力和个人品质，并反思自己毫无进步。相反，向下比较（你比别人做得好）会带来快乐，因为快乐的源泉之一就是你感觉自己在朝着目标快速前进。在这种情况下，你似乎跑在别人前面。因此，在很多情况下，向下比较比向上比较更受欢迎。例如，患有乳腺癌的女性通常更喜欢将自己与境况较差的人[①]进行比较，而不是与境况较好的人进行比较。感觉自己做得比别人好可以防止产生焦虑情绪，并获得希望。

然而，向上比较不一定有害，向下比较也不一定有益。特别是当你自己的努力对带来好结果或坏结果至关重要时，向上比较（Y 女士比我卖的小部件多）可能比向下比较（我卖的小部件比 X 先生多）更有帮助。向上比较不一定会令人沮丧，它也能够鼓舞人心。把自己和比你做得更好的人进行比较，可以让你知道如何做好自己。相反，把自己和比你差的人进行比较会让你自满。

非常乐观的法律系学生从向上比较中得到了启发：

> 整个学期，我都在通过观察别人在做什么来思考
> 我是否能提高自己的能力。如果我认为他们做得更

---

① 有趣的是，这些女性不需要知道谁的情况更糟，就可以进行向下的社会比较。如果没有合适的比较，她们会编造出一个做得更差的人：一个年长的女人会想象一个年轻女人的情况会有多糟糕；一名接受了乳房肿瘤切除术的妇女会想象如果另一个女人接受了乳房切除手术情况会变得多么糟糕。

好，那么我就会采用他们做事的方式。我对这些整天泡在图书馆的学生最感兴趣，我想看看他们是否能取得好成绩。他们的学业成绩比我优秀，这让我思考如何在学习上更自律。

我认为有些人在准备考试方面比我做得好，他们的成绩也比我好，他们似乎得到了更多的面试机会。这并没有让我觉得自己不像他们那样称职；在准备考试的时候，我个人的备考方式会有所不同。我更注重为工作做准备。

相反，悲观的学生却没有得到启发：

那些做得更好的人在课堂上注意力更集中，复习材料也更多。我并不想和他们竞争；我只是想获得及格的分数。我想我本应该去和他们竞争，因为这可能对我的成绩有帮助。

向上比较虽然可能为我们提供更多信息，但也可能具有威胁性。尤其是在面对压力或失败时，它们会让你感到不满足。当人们感觉自己的表现差得吓人的时候，他们就会放弃向上比较，而会为了感觉更好而进行向下比较。当未来一个人觉得自己的前景暗淡时，这一点尤为明显。因此，糟糕的表现和对未来的悲观导致人们试图通过与表现更差的人进行比较来更好地评价自己的表现。这种策略的问题在于，向下比较并不能提高绩效，反而会导致恶性循环。在平均成绩下降的情况下，悲观的大学生会降低他们的比较水平，所以他们总是把自己和比自己差的人进行比较，这导致他们得到更差的成绩。从长远来看，向下比较只提供了如何做得更差的例子，而不是如何做得更好的例子。在我音乐生涯的这个阶段，我不会通过听小提琴初学者演奏来让自己成为一名更好的小提琴手，因为他们不会使我的演奏技巧有任何提升。

相反，向上比较可以提供如何做得更好和避免未来的压力或失败的例子。那些平均绩点下降的乐观学生继续将自己与成绩比自己好的学生进行比较，他们的平均绩点也提高了。因此，乐观主义使人们更倾向于审视那些比自己做得更好的人的行为并从中学习，从而使人们受到鼓舞。对于一个乐观的小提琴手来说，她已经准备好把自己的演奏水平提升到一个新的高度，听专业独奏者的录音可以激发她学习新的演奏技巧。

但是向上比较的负面影响呢？当你把自己的标准和一个更好的标准进行比较时，你是否有可能感到不满足（例如"为什么我没有那么好？"）而不是受到鼓舞（例如"我也可以做得那么好！"）？答案是肯定的。然而，乐观主义者似乎会利用他们的比较来获取最有益的信息。向上比较更可能给乐观主义者带来灵感，而给悲观主义者带来沮丧。当悲观的学生进行向上比较时，他们往往会感到沮丧，而不会受到鼓舞。

这一现象也在一个实验中得到了证明，在这个实验中，一名学生将和一名"同伴"（实际上是一个实验者）一起工作，这个"同伴"在解字谜方面要么比该学生做得好，要么比该学生做得差。当学生在一个反应慢的"同伴"旁边工作时，前者倾向于对自己的能力评价更高，而且在实验后心情更好。这种向下的比较让人安心。然而，对于解字谜速度更快的"同伴"，乐观主义者和悲观主义者的反应截然不同。悲观主义者认为他们的能力更弱、情绪更糟，因为向上的比较对他们来说是一种威胁，他们也许会想："为什么我没有那么好？"乐观者也认为他们的能力较弱，但与能快速解字谜的同伴一起工作的乐观者和与慢速解字谜的同伴一起工作的乐观者的情绪改善程度是一样的。尽管乐观者不否认自己可能不擅长拼字游戏，但他们似乎并不为此感到气馁。我们似乎有理由得出这样的结论：乐观者受到了比自己解字谜速度快的同伴的鼓舞，而不是威胁。

乐观主义者也能从向下比较中提取出最不令人沮丧的信息。尽管向下比较似乎并不特别具有威胁性，而且可能会保护学生的自我，但当风险加大时，向下比较也有潜在的负面影响：当危及生命和健康而非仅仅涉及平均成绩的情况出现时。例如，多发性硬化症（multiple sclerosis）是一种神经系统的慢性退行性疾病，向下比较（也就是说，患有这种病的患者与情况更糟的人比较）有潜在的威胁性意义（例如"我的病情可能会和他的一样糟"）。悲观的多发性硬化症患者在进行向下比较时感到沮丧，可能是因为他们倾向于用一种具有威胁性和压抑的方式来解释向下比较，而不是用一种自我保护的方式（例如"我的病情不会比他的更糟"）。另一方面，乐观主义者不会因为向下比较而沮丧。

在所有这些研究中，对未来的乐观预期让人们向上寻找灵感，而不会受到当前表现的威胁；向下寻找舒适感，而不会受到潜在的消极未来的威胁。乐观的人从他们与其他人进行比较的方式中获得的信息帮助他们专注于自己的目标，并在未来表现得更好。

毋庸置疑，我们是群居物种，但是社会关系对我们既有积极的影响，也有消极的影响。我们可能会与他人产生负面的、充满冲突的互动，我们会觉得自己不如他们，他们的帮助甚至会让我们觉得自己无法完成生活中的任务。然而，乐观带来的积极期望似乎会帮助个体建立积极的人际关系，在这种关系中，关注他人最好的一面会激发出他们最好的一面，优秀的人会成为我们的激励之源而非嫉妒的来源，而感受到支持会提升我们应对压力事件的能力。死亡率数据揭示了一种特别有趣的可能性：如果乐观能带来更好的社会关系，同时，更好的社会关系能降低死亡风险，那么乐观真的能使个体比其他人更长寿吗？请继续读下去。

BREAKING
MURPHY'S LAW

第 5 章

喜忧参半：
乐观主义者及其健康

　　我清楚地记得我第一次接触健康心理学是在读本科时的异常心理学的课上。在一个健康心理学讲座中，汤姆·舒尼曼教授（Tom Schoeneman）描述了一项心理因素影响外科手术术后康复的研究。我惊讶地发现这样的事情竟然是真的：精神状态实际上影响了人们身体康复的速度。它似乎很神奇，非常不可思议，而且非常有趣。因此，在选择研究生院的时候，我选择了一个可以继续学习健康心理学的地方，重点关注读本科时让我印象深刻的一个现象：心理状态如何影响生理。我在学术生涯的大部分时间都被这种现象吸引住了，我希望汤姆能原谅我忘记了这堂课剩下的大部分内容，并且我认为是他让我走上这条路的。

　　近 20 年后，熟悉"身心"现象的人比那时多得多。尽管如此，一些人仍然持怀疑态度。去年，我在为家庭医生举办的一系列教育活动上做了一次演讲。演讲的重点是患者的一些症状是在身心互动的情况下产生的，如胸痛、呼吸困难和头痛。

每次活动结束后，至少有一份评估表会显示对我的演讲主题的不认同。这名评估者会说这不科学、不真实。

这种态度来自于西方思想中把精神和肉体现象分开的悠久传统。最初的意图是表明教会和科学是互不相关的领域——灵魂和肉体——这种想法可以归结为一种怀疑，即"精神"和"身体"可以相互影响。事实上，这种怀疑论是站不住脚的，因为我们已经进步了很多，超越了可以相信精神不受制于肉体的阶段。我们知道，思想、情感、态度和思想状态基于大脑，就像走路基于双腿一样，呼吸基于肺和隔膜，体内循环基于心脏和血管。大脑还有心神都是身体的一部分，甚至"身心"这个词也很奇怪。这就像是在说走路和身体有联系一样。走路只是身体做的一部分事情，思想、情感、态度和精神状态也是如此。

心理建立在大脑的基础上，"身心"的联系实际上是"脑—身"的联系，事实证明这不是神秘的，而是源于解剖学的。鉴于解剖大脑和身体的其他部分之间的连接，像腿、肺和隔膜、心脏和血管，以及免疫系统，大脑所做的事情，例如，思考或感觉可能会影响身体其他部位的功能，如血液循坏或对抗病毒。当然，本书关注的重点问题是，在乐观的大脑中产生的想法和感受是否会创造出一个乐观、健康的身体。

建立连接

事实上，大脑会以无数种方式与其他器官系统相连。在神经学上，大脑与其他器官的交流是直接通过神经传递的；在内分泌学上，则是通过分子信使在血液中传递的。当我们随意运动时，我们最能意识到大脑和身体其他部分之间的联系。当我想要输入一个单词时，我的大脑通过运动神经元向我的手指发送一个信号，然后它们按下相应的键（大多数时候）。当我想喝水的时候，我就会站起来，走到水槽边，然后得到一杯水。

大脑和身体其他部位之间也有一些联系，这些联系会影响无意识的功能（例如，消化系统和肾脏对我喝的水做了什么），而大脑也控制着这些系统。神经系统有一个特殊的分支，它可以为大脑控制非主动行为。这个分支——自主神经系统，控制呼吸速率、心率、消化、血液循环（通过血管收缩和扩张）和排汗等活动。自主神经系统有两个分支：一个协调这些功能以满足身体的短期需求（交感神经分支），另一个满足身体的长期需求（副交感神经分支）。为了理解这些项目和需求的本质，我们需要思考在什么情况下神经系统的交感神经和副交感神经分支会快速发展，那就是当目标不是与在最后期限到来之前交作业或保持房间清洁有关，而是与生存本身有关的时候。这些长期目标包括寻找食物、住所和伴侣。在大多数情况下，这些目标应优先被考虑。然而，有时你可能不得不放弃对这些目标的追求来满足短期的需求。这些短期需求之所以会被优先考虑，是因为如果你不立即处理它们，你就会失去生命，此时长期目标被视为多余的。当我们去世后不仅不会讲故事，也很难找到食物、栖身之所，甚至是找到伴侣。短期的需求可能是由捕食者强加给你的，他们想通过吃掉你来达到他们充饥的目标，暴风雨或洪水会淹没你，甚至其他想要抢夺你的食物、庇护所和你的伴侣的人会通过用棍子打你的头来达到目的。

当面对这些短期需求时，你基本上有两种行为选择：战斗或逃跑，这成了著名的心理学术语。当我们的自主神经系统转向交感神经系统以满足短期需求时，就会出现"战斗或逃跑"反应。呼吸和心率加快，内脏（内脏器官如肝、肠）和四肢末端（如手指）血管收缩，心脏血管和大块肌肉扩张，出汗增多。所有这些变化发生的原因是，你用来战斗或逃跑的身体部位——大块肌肉——获得了大量携带氧气和营养物质的血液，而且你现在无须利用的身体部位的能量也不会消耗殆尽。例如，能量可以从消化中被重新定向，以满足战斗或逃跑的生理需求。

大脑利用内分泌系统来帮助我们战斗或逃跑。内分泌系统通常在长期的身体活动中发挥作用，将物质释放到血液中，从而促进代谢、性发育、生长等。当长期需求被搁置以满足短期的"战斗或逃跑"需求时，大脑会转而释放一种名为"皮质醇"的激素。皮质醇的主要作用是为肝脏（以及其他部位）提供葡萄糖，葡萄糖是心脏和大块肌肉在战斗或逃跑时燃烧能量的来源。

这些自主神经系统和内分泌系统的变化促使我们的身体保持平衡。许多人都熟悉"内稳态"的概念，即通过控制自身的体内环境来使其保持稳定，例如保持稳定的血压。"非稳态"意味着打破体内的平衡——例如，血压升高以对抗或逃避危机，然后在危机结束后再使其降下来。在一个完美的适应环境中，当需要时，身体会对短期需求作出反应，否则就会关注长期需求，以保持平衡。然而，在现代生活中，短期需求是例外，而非常规。我们更有可能面对的是社会冲突、压力大的工作或慢性疾病，而不是捕食者或暴风雨。与适应平衡不同，这些需求导致了非适应负荷，即身体对短期需求的典型短期反应会长期持续下去。当同样有助于满足短期需求的变化在很长一段时间内发生时，它们可能会损害健康。例如，交感神经系统活动引起的血压升高在很长一段时间内会损害血管并导致动脉硬化、心脏病发作和中风。长期持续高水平的皮质醇会抑制免疫系统，损害部分大脑，降低胰岛素敏感性，甚至可能导致成年人患糖尿病，以及引起其他负面后果。

乐观情绪之所以出现，是因为正如我在前几章中所论述的那样，乐观主义在很多方面对心理有益，包括它对人们如何应对压力的影响。当社会冲突、压力大的工作或慢性疾病降临到乐观者身上时，他们更有可能积极应对这些情况，因此与悲观者相比，乐观者损失的净资源更少——也就是说，乐观者感受到的压力更少。如果长期的压力会通过免疫抑制或高血压对健康产生负面影响，而乐观可以减少人们的压力，那么乐观应该是精神上对身体产生积极影响的因素之一。

乐观主义的具体体现

　　许多研究已经检验了乐观者是否从他们对积极未来的信念中获益。这些研究着眼于当个体的健康受到心脏病、癌症或艾滋病的挑战时，乐观是否有益。也就是说，乐观的人是否能在患上癌症或艾滋病后比其他人活得更久，或者在接受心脏手术后恢复得更好？基于民间智慧，答案似乎显而易见：拥有"积极态度"或"生存意志"的人恢复得更好、活得更久。[①]科学智慧也指出了一个有关性格乐观主义的潜在好处。大脑与心血管、内分泌和免疫系统之间的解剖学上的联系意味着，能减轻压力的乐观信念——即与压力相关的大脑变化——也会影响个体适应负荷和个体的健康。例如，对皮质醇调节得越好，乳腺癌患者的存活时间越长。如果乐观能减轻压力、调节皮质醇，也许患乳腺癌的乐观女性能活得更久。

---

① 但是那些"小气得不想死"的人呢？民间智慧在这个问题上的作用似乎与民间智慧在选择好伴侣（"物以类聚"还是"异性相吸"？）或与伴侣共度多长时间的问题上的作用一样大（"别离情更深"还是"眼不见，心不烦"？）。

最早研究乐观对健康影响的一项研究发表于 1989 年，该研究测试了乐观是否能预测术后恢复情况——几年前我还是一名大学生时就对这一健康结果很感兴趣。我指的手术是指冠状动脉搭桥手术（coronary artery bypass graft surgery，CABG）。当动脉粥样硬化斑块阻塞了向心脏供血的动脉时，冠状动脉搭桥手术就变得必要了。冠状动脉搭桥手术是一种需持续数小时的大手术，一般患者在接受手术后需要住院几天，完全恢复需要几个月。尽管如此，冠状动脉搭桥手术通常能很好地缓解心脏症状，如胸痛，所以这种手术被频繁地使用。2001 年美国进行了 50 多万例冠状动脉搭桥手术。

这项研究对 50 名接受冠状动脉搭桥手术的男性进行了跟踪调查，包括了解他们手术前后 6 个月的情况。短期来看，在手术过程中，乐观者心脏损伤的迹象（严重的手术并发症）比悲观者少，但这些迹象仅限于心脏酶的细微变化。该组中最悲观的人出现了更严重的心脏损伤迹象（在手术过程中心电图的变化表明他可能患有心脏病）。从长远来看，在手术后的几天，乐观的人比悲观的人更早起床，并且能在病房里走动，这很重要，因为这能降低患血栓的风险，而且负责管理患者的心脏康复的工作人员认为乐观的人恢复得更快。（在问卷得分方面，工作人员不知道谁是乐观主义者，谁是悲观主义者，尽管他们可能在与患者接触时观察到一些蛛丝马迹，例如患者对未来的看法和对康复的态度。）

更长期来看，6 个月后，乐观的男性更有可能恢复锻炼，更迅速地参与娱乐活动，心脏病症状也更少。从手术过程的开始到结束，乐观的人比不乐观的人更有优势。很有可能，正如前面几章所述，他们的乐观信念帮助他们更好地应对康复过程中遇到的挑战，并使他们最大限度地利用他们的社交网络、社会比较和社会支持。随之而来的压力的减轻会减少心脏的不必要的负担（即适应负荷）。此外，乐观的人可能会更努力地实现有关使自己康复的目标，从步行到参加娱乐活动。

在接下来的 10 年里，更多的研究显示了个体在接受冠状动脉搭桥手术后保持乐观的益处。继最初的冠状动脉搭桥手术的研究之后是对 200 多名患者的第二次研究（这次是针对男性和女性），报告显示这些患者中最悲观的那一组因为冠状动脉疾病而再次住院的可能性是最乐观的那一组的 3 倍，而冠状动脉疾病正是他们不得不接受冠状动脉搭桥手术的原因。另一个研究小组发现，接受冠状动脉搭桥手术 8 个月后，更乐观的患者（包括男性和女性）胸痛的频率更低，焦虑和抑郁等负面情绪更少，通常他们对自己的活动水平、性功能和生活也更满意。

新研究还显示，这种乐观情绪对个体在接受微创心脏手术后可能是有益的。在一项综合了各种有益信念（包括乐观主义）的指数排名中，排在最后 1/3 的人在接受手术后最初的 6 个月内患上新冠状动脉疾病的可能性是排在前 1/3 的人的 3 倍。也就是说，乐观的人不太可能需要再次接受搭桥手术，不太可能心脏病复发，也不太可能死于冠状动脉疾病。此外，在第一次接受手术后的 4 年里，更乐观的人出现与冠状动脉相关的症状的概率更低。

甚至那些做过心脏移植手术（最复杂的心脏手术）的人也从乐观主义中受益。与冠状动脉搭桥术和血管成形术的研究结果一致，在接受移植的患者中，那些更乐观的人术后恢复得也更好，会按时服用预防心脏排斥反应的药物，虽然乐观的和悲观的患者都有感染，但是悲观的患者平均在手术后的第 61 天发生第一次感染，而乐观的患者平均在手术后的第 126 天发生第一次感染。

虽然最近的一项研究没有发现乐观与患者接受冠状动脉搭桥术或瓣膜置换术后的住院时间有关，但大部分研究表明乐观的心脏病患者最终比悲观的心脏病患者恢复得更好。持怀疑态度的人可能会说，那些术前身体状况较好的人（例如，冠状动脉疼痛程度较轻或堵塞程度较轻的人）是最乐观的，而且术前身体状况较好的人在术后也会更乐观、更健康。也就是说，更健康既是乐观的理由，也能暗示患者能更快地康复；但乐观不会帮助患者更快地康复。[1] 然而，证据表明情况并非如此。首先，所有这些研究在统计学上都将患者的术前状态等同起来，

---

① 这就是众所周知的"第三变量问题"（third-variable problem）。一个经典的例子是关于谋杀率和冰淇淋销售量之间的正相关关系的：当谋杀率上升时，冰淇淋销售量也上升。冰淇淋会导致谋杀？人们杀人后喜欢吃冰淇淋吗？当然，答案都是否定的。炎热的天气会导致冰淇淋销售量的增加和暴力事件的增加，但这并不意味着后两者是互为因果的。

所以结果是研究者在患者的术前健康状况相同的情况下测试其乐观的程度后得出的。其次，移植研究利用了一种被称为"干净的石板"（clean slate）的现象。从本质上讲，心脏移植给每位患者带来了一个重获新生的机会，因为接受手术后的身体状况与接受手术前的状况并无太大关系（毕竟，病变的心脏现在已经被替换了）。即使是重新开始，患者在接受移植手术前的对自身康复情况的预期也预示着其接受移植手术后的健康状况。

乐观还会在一个非常不同的医学领域产生更好的结果：怀孕。事实证明，怀孕期间的压力不仅会影响孕妇的心理健康，还会影响婴儿的发育。有压力的孕妇会产生过多的压力激素，例如皮质醇，这些压力激素会导致早产，导致婴儿变小，抑制胎儿生长，甚至足月婴儿也会变小。而体型较小的婴儿则更容易出现健康问题。[1] 两项针对 300 多名妇女的研究表明，那些更乐观的母亲受益于她们的怀孕时间更长，而且她们的婴儿更大。

在有关心血管病人的研究中，乐观有益于身体健康，乐观导致了孕期更长和更大的婴儿。这些研究还表明，乐观可以减轻怀孕后期的压力，从而减少压力激素的分泌。其中一项研究

---

[1] 我还听说大一点的婴儿晚上睡得更快。我不知道这是不是真的，但在我看来，出生时较重对婴儿的健康来说是一个巨大的好处。当然，大婴儿的分娩问题也会出现，但最好不要想太多。

还表明，乐观的母亲锻炼得更多，这有助于延长她们的孕期。与乐观的心脏病患者一样，乐观的孕妇压力更小，身体更活跃，她们放松、积极的怀孕方式使她们和她们的孩子更健康。在有关心脏方面的文献中，有一个例外——乐观和压力在怀孕早期不能像在怀孕后期那样预测结果——但是大量的证据支持乐观是有益的。

另一只鞋掉了

对于心脏病患者和孕妇来说，乐观似乎对他们的康复和健康作出了积极的贡献。那么其他的疾病，例如癌症和艾滋病呢？对癌症患者的研究很少有一致的证据表明乐观具有有益作用。有 3 项研究检验了乐观情绪是否会影响癌症患者的生活，每一项研究都得出了不同的结果：一项研究表明，乐观主义提高了一些人的存活率；另一项研究表明，乐观主义根本不会提高存活率；还有一项研究表明，乐观主义确实提高了存活率。第一项研究发表于 1996 年，研究对象包括各种癌症（乳腺癌、肺癌、头颈癌、宫颈癌、前列腺癌、结肠直肠癌和胃肠道癌等）患者。研究开始 8 个月后，几乎 30% 的患者死亡。问题是，乐观主义者是否比悲观主义者更有可能活下去？答案是肯定的，但仅限于 60 岁以下的患者。在这些患者中，幸存者的悲观程度①约为死亡患者的2/3。然而，在老年患者中，那些在8个月的研究中死亡和幸存的患者都同样悲观。

2003年发表的另一项研究也表明，乐观可以延长癌症患者的生命，这项研究只关注头颈癌。研究开始1年后，最初的101名患者中几乎有一半已经死亡。研究表明，最悲观的患者（那些被归类为非常悲观或中度悲观的人）最有可能死亡：他们中的2/3的患者在一年后死亡。另一方面，中度乐观或非常乐观的患者死亡的可能性更低：他们中的2/5的患者在一年后死亡。这些存活率表明，在1年的研究期间，悲观主义者的死亡率比乐观主义者高出50%以上。

第三项研究发表于2004年，主要针对肺癌患者。这项研究的优点是随访时间长达几年，而以前的研究的随访时间为一年或更短。在此期间，179名接受研究的患者中有96%的人死亡，研究的重点是人们的寿命。在研究开始后的前几年里，非常乐观的人似乎比一般乐观或一般悲观的人有生存优势。在这一年里，非常乐观的人中大约有75%还活着，而比较乐观和比较悲观的人中大约有60%还活着；2年后，35%非常乐观的人活了下来，相比之下，25%比较乐观和比较悲观的人活了下来。然而，到第三年的时候，所有人群中只有20%~25%的人还活着，所以乐观并不能为人们带来长期的优势。

---

① 在本研究中，悲观主义和乐观主义是被分开研究的，8个月后幸存下来的患者和去世的患者在悲观程度上有明显差异。

显然，有些人对乐观有益于癌症康复的观点持怀疑态度，而且一直在等待楼上的另一只鞋掉下来，因此上述对肺癌研究的结果产生了窃喜。我曾经获得了《华尔街日报》（*the Wall Street Journal*）中的一篇文章的影印本，里面附了一张我的一位同事写的充满欣喜的字条，上面写着："像我这样乖戾的人还有希望。"这篇文章的标题是"与癌症抗争：研究质疑乐观主义在战胜癌症中的作用与积极思考的暴政"。《新闻周刊》（*Newsweek*）在其网站上发表了一篇题为"乐观的麻烦"（*The Trouble with Optimism*）的文章。

这些标题强硬的头条新闻有道理吗？我们很容易相信某个证明乐观无益于延长寿命的研究结果。你会注意到，我在前文中介绍的一项心脏手术研究和一项妊娠研究都没有揭示出乐观的好处。科学就像体育：在任何特定的研究中，就像任何特定的游戏中一样，任何事情都可能发生。通常情况下它们也许是有迹可循的，但在与夺冠比赛中，处于劣势的一方可能会取得好成绩，这种可能性在科学和体育中都存在。没有一项研究是完美的，所以没有一项研究能揭示全部的真相。所以，即使有这样一个研究发现乐观并不会增加癌症患者的存活率，也有一些论据支持乐观是有益的：首先，这项研究并没有表明"通过皱眉对抗癌症"会让悲观主义者更健康或更长寿。这只是表明，乐观并没有很大的生存益处。据我所知，没有任何研究显示悲观主义对生存有利。皱着眉头与癌症作斗争没有任何帮助。其次，起初的研究者研究了患有几种不同癌症的患者，他们发现乐观的优势在年轻人身上最为明显。为什么呢？可能是癌症对年轻人的目标和资源构成了更大的威胁（例如，他们可能看不到自己的孩子长大），因此他们承受着更大压力。如果年轻人比老年人承受着更大压力，那么乐观可能对年轻人的生存方面发挥着更重要的作用。也有可能是年轻癌症患者与老年癌症患者在生物学上的特征是不同的，因此对应激激素的敏感程度也不同。在头颈癌研究中，大多数人（75%）年龄在65岁以下，但在肺癌研究中，只有大约一半的人年龄在65岁以下。也许样本间的年龄差异影响了这两项研究的结果。此外，也许肺癌是一种不适合研究的癌症。癌症实际上不是一种单一的疾病，而是几十种不同的疾病综合而成的。其中一些疾病受自主神经系统、内分泌系统和免疫系统的影响更大，也许肺癌是受影响较小的疾病之一。

尽管我们有这些很好的论据，但现在就否定肺癌研究还为时过早。你必须认真对待这种不一致，因为乐观主义还会在另一种疾病患者中引发不一致的结果：艾滋病毒感染。在某种程度上，艾滋病文献中的不一致性比癌症文献中的不一致性更值得重视，因为在研究艾滋病时，癌症文献中不一致性的其他来源（例如，研究的癌症类型）不是问题。虽然艾滋病病毒使人们容易感染许多不同的疾病，但其潜在的病理是相同的。艾滋病毒感染被称为"辅助T细胞或CD4 T细胞的免疫细胞"，这些细胞能引导或指导免疫系统。随着病情的发展，这些细胞的存活率越来越低，而剩下的免疫系统无所事事地等待指令。因此，病毒的侵袭和蔓延将使患者死去。

为什么乐观可以预防艾滋病的进展和其他疾病的进展是一样的：乐观导致更少的资源损失，也因此带来更少的压力，因为压力加速了艾滋病病情的恶化，所以乐观应该可以减缓艾滋病的进展。然而，甚至比癌症研究更频繁的是，性格乐观似乎对艾滋病患者的健康没有益处。在一项针对感染艾滋病的男性的研究中，性格乐观与辅助性 T 细胞在 2 年内下降的速度无关。在另一项研究中，性格乐观与被诊断出患有艾滋病的男性存活的时间无关。[①]

最近，乐观主义对艾滋病的潜在益处已经浮出水面。一项有关艾滋病病毒感染者在洛杉矶公共卫生诊所的研究得出了更有前景的结果。在一个更具异质性的组中（例如包括女性的组），研究者预测了感染者的血液中艾滋病病毒数量（病毒载量）和辅助 T 细胞数量的变化，进而分析出悲观和乐观对感染者的影响。在这一组中，悲观情绪越弱，病毒载量越少；乐观程度越多，辅助性 T 细胞的数量就会越多，但这只是在适度乐观的程度上。非常乐观与适度乐观相比没有任何优势。这项研究首次揭示了艾滋病病毒携带者的健康优势。最近的另一项研究也表明，在不同的样本中高度乐观可以预测出感染者拥有较

---

① 本研究中的艾滋病诊断是基于 1987 年的艾滋病诊断标准，其中包括一系列存在严重的免疫抑制性的、不常见的疾病，例如，某些细菌感染、严重的呼吸道酵母菌感染、由肺囊性卡氏菌引起的肺炎、严重的疱疹暴发等等。新的标准包括在没有这些疾病的情况下进行严重的免疫抑制，即所谓的"机会性感染"。

多的 T 细胞。

科学文献的一个经验法则是，一种效应越强（例如，乐观对健康的影响），它就越应该经常出现。回到体育的类比上，当一支队伍很强大的时候，虽然偶尔会输，但大多数时候都能击败对手。另一方面，如果球队不是很强大，它应该只是偶尔获胜。在体育竞技中，判断一个队的实力的一种方法是看它获胜的频率。在科学领域，一种效果强度的指标是它出现的频率。乐观对心脏病，尤其是手术后的康复和怀孕的益处更明显，这表明乐观对这些情况有相当大的益处。然而，对于癌症，主队只赢了三场比赛中的两场（其中一场可能是平局），而对于艾滋病，主队只赢了四场比赛中的两场。在开展研究的过程中，我不禁注意到，免疫系统参与得越多（主要是艾滋病，有时是癌症，更多的是外围的心脏病和怀孕），对你有益的乐观情绪就越少。

乐观会抑制免疫力吗

这让我想到第二个原因，我不能立即否定新的有关癌症的发现。我经常研究乐观对免疫系统的影响，我知道乐观对免疫系统有不同寻常的影响。这不是我轻易得出的结论。当我第一次开始研究乐观主义和免疫系统的时候，我从一个前提开始，这个前提我在这一章还会提到：压力对健康有负面影响，包括免疫系统；乐观意味着更少的压力；因此，乐观应该保护免疫系统免受负面影响。

在我对这个主题进行的第一次研究中（我在加利福尼亚大学洛杉矶分校的论文研究），我找到了确切的证据。法学院一年级的学生在进入法学院之前越乐观，他们的免疫细胞和有效细胞的数量就越多。这一结论主要适用于对法学院的乐观情绪：越来越多的学生认为他们会成功地在法学院获得他们想要的东西，拥有辅助 T 细胞的数量越多，学生的自然杀伤细胞具有更好的肿瘤杀伤能力，而且（在较小程度上）学生的细胞毒性 T 细胞也更多。[①]性格乐观主义不如法学院乐观主义有益，因为后者预测细胞毒性 T 细胞的数量略多。这是首次发表的关于健康人群的乐观、压力和免疫系统之间关系的研究，它在科学界和大众媒体中都很受欢迎。

取得成功后，我渴望在肯塔基大学任教时继续开展这方面的研究，因此，我收集了一些关于一年级法律系学生的初步数据，然后开始申请进行一项关于乐观主义和免疫功能的大型研究的资助来使用这些初步数据以证明我的想法是正确的。然而，分析这些数据多少有些令人沮丧。在英国法律系学生中，乐观主义和免疫功能有相关性，但这种相关性并没有在加利福

---

① 自然杀伤细胞和细胞毒性 T 细胞是辅助 T 细胞指挥的管弦乐队的成员。当发出这样的信号时，这些细胞会杀死其他"坏"细胞，如肿瘤细胞或被病毒感染的细胞。

尼亚大学洛杉矶分校法律系学生中强。我想了很多，这究竟是为什么？英国学生和加利福尼亚大学洛杉矶分校的学生之间是否存在一些差异，进而使乐观主义在加利福尼亚大学洛杉矶分校比在英国更重要？

我的第一个猜测是也许加利福尼亚大学洛杉矶分校在全球范围内招收学生，而英国招收更多的本国学生。也许当学生不得不远离家乡时，他们不得不更多地依靠自己的乐观来适应法学院，因为他们把社会网络等资源留在了家乡。我将英国的样本中的学生分成两组，一组搬去法学院，另一组住在附近。果然，对于那些搬走的学生来说，乐观和免疫系统之间的紧密联系又重新出现了。真值得庆幸的是我终于取得进展了！乐观主义预示着个体拥有更好的免疫功能——在这种情况下，是对皮肤免疫挑战的反应——但主要是在那些不得不依靠乐观主义来应对法学院压力的学生中。

还在等那只鞋吗？我曾经想象过，对于那些因为在日常生活中与朋友和家人离得近而获得更多社会资源的学生来说，乐观主义和免疫力之间的关系是微不足道的。悲观的学生将有社会资源来弥补他们缺乏的乐观。这就解释了我在整个样本中发现的小效应。

较大的效应（在离开家乡去上学的学生中）+ 较小的效应（在未离开家乡的学生中）= 较小的效应（在整个样本中）

天啊，我可能错了！这不仅对已经住在学校附近的学生产生了很大影响，而且这种影响是负面的。也就是说，当那些在家乡上法学院的学生比较乐观时，他们的免疫力较差。尽管他们不仅很乐观，而且手头也有社会资源。

目前来看，发现这种消极的关系有可能是一种偶然。即使处于劣势的人也能在适当的条件下赢得比赛。所以我回到了我在加利福尼亚大学洛杉矶分校的原始数据。令人惊讶的是，已经住在洛杉矶的学生比我记忆中的要多，所以我最初的猜测（英国学生比加利福尼亚大学洛杉矶分校的学生更有可能在家附近上法学院）是错误的（在两个样本中，待在家里的学生比例相等）。然而，我的"偶然"发现原来根本不是偶然。在加利福尼亚大学洛杉矶分校，性格乐观的学生若待在家里就会比悲观者拥有更少的辅助 T 细胞；而离开的学生则刚好相反。

我并不是唯一一个观察乐观情绪对免疫系统的影响的人。另外两项研究在法学院之外也发现了本质上相同的现象。第一项研究是实验室研究，它主要研究个体控制压力的能力：在这一研究中，被试需要忍受断断续续的噪声。在这项研究中，第一组可以通过按一系列的按钮来控制噪声（他们必须自己去发现按钮）；第二组无法控制噪声，但他们认为自己能控制噪声，因为他们有按钮，没有人会告诉他们按钮是无任何作用的；第三组无法控制噪声，他们没有按钮，他们知道自己不得不这么做，正如实验者指示的那样："只需要坐着听噪声。"这项研究的主要发现是，当人们能够控制噪声时，噪声对他们的免疫系统没有影响，他们相信自己可以将噪声控制得很好；只有当自己无法控制噪声时；压力才会对他们的免疫系统产生负面影响。

在研究报告的最后隐藏着一个有趣的花边新闻：乐观主义是如何影响这些变化的。当人们控制噪声时，不管是真实的还是虚幻的，乐观者与免疫系统存在着可以预期的关系，因此乐观者比悲观者拥有更多的自然杀伤细胞。然而，在没有对照的情况下，情况正好相反——乐观者比悲观者拥有更少的自然杀伤细胞。乐观可以保护免疫系统免受压力的影响，但前提是只有在压力比较容易应对的时候。当个体面临难以处理的压力时，乐观使人们更容易免疫。

另一篇论文描述了日常压力对女性 T 细胞数量的影响。乐观主义再次产生了意想不到的效果。当压力持续存在不到一周时，乐观会产生其"常规"的效果：更乐观意味着个体拥有更多的 T 细胞。然而，如果压力持续存在超过一周，情况又会反过来。乐观的女性比悲观的女性拥有更少的 T 细胞。在实验室研究中，乐观似乎只有在问题相对容易解决的时候才有用（也就是说，压力很快就会得以解决）。当问题难以解决时（也就是说，压力不会很快得以缓解），乐观主义者就会变得脆弱。

一事无成

这两篇论文都解释了为什么乐观者如此脆弱：他们对积极的未来的预期并没有成为现实。研究人员认为，当乐观的人遇到困难的情况而他们无法控制压力或在短时间内缓解压力时，他们基本上就会崩溃，并且他们的免疫系统也会受到负面影响。

这个解释对我来说毫无意义，这主要有两个原因。首先，乐观的人通常在各种压力下心理状态都比较好。其次，一些研究实际上考察了当面临负面情况时，乐观主义者会发生什么变化，特别是在听到不好的医疗消息的背景下。在一项研究中，研究者在一对夫妇接受体外受精之前，对他们的乐观程度进行了测量。现在，通常情况下，当一对夫妇接受不孕治疗的时候，他们已在怀孕上投入了大量的感情和金钱。然而，这一过程并非万无一失，因为只有 1/3 的体外受精尝试会成功，而且准妈妈的年龄越大，成功的概率就越低［根据美国怀孕协会（American Pregnancy Association）的数据，如果她超过 40 岁，成功的概率不到 1/10］。最重要的是，这基本上是一个无法控制的过程，因为准父母所能做的很少会影响他们怀孕的概率。如果乐观主义者在无法控制的压力下容易崩溃，那么这就是压力应该出现的情况。研究者实际上发现乐观的人在体外实验失败时更容易重新振作起来。尽管如此，当积极的未来未能实现时，悲观的人——那些一开始就不相信自己能拥有一个积极的未来的人——仍然是最沮丧的人。

如果失望不是我寻找的最终答案，我就必须弄清楚为什么与朋友和家人关系密切的乐观的学生免疫力较差。这种效应与乐观主义和社会资源提供双重保护的观点背道而驰，因为在这种情况下，它们似乎相互抵消了。最好的线索来自我在最早期收集的数据。在我写论文之前，我收集了一些法律专业学生的问卷，以调查在法学院对他们来说最紧张的是什么。以下是法学院学生列出的 7 件最具压力的事情：

7. 学业难度高

6. 没有足够的时间娱乐

5. 没有足够的时间陪伴家人和朋友

4. 缺乏有效的反馈

3. 没有足够的时间来复习所有的学习资料

2. 不知道如何准备或学习资料

1. 学习需要消耗大量时间

很明显，有一些方面仅仅是关于法学院的：复习资料难以理解（7）。如果你想知道这到底有多可怕，特别是对于那些在本科课程中相对轻松地掌握了相关知识并因此进入法学院的学生来说，可以读一下斯科特·特罗（Scott Turow）对他在哈佛法学院（Harvard Law School）第一年学习的描述。他是这样描述学习法律资料时令人不安的经历的：

> 很明显，回顾过去，最初让我感到最困惑的事情之一就是我几乎不理解我读到的或听到的……我们所经历的似乎是一种伯利茨式（Berlitz）的"法律"攻击，一种我不会说的语言，一种迫使我每天阅读和思考 16 个小时的语言。

另一个对读第一学期的学生来说特别困扰他们的方面是，他们通常要到期末考试后才能知道分数（4）。同样，大多数学生已经习惯了在他们的课程中几乎拿全 A（除了那些拿全 A 的学生以外）。现在，他们正在与这些学习资料作斗争，他们不确定自己是否做对了，直到他们对自己的成绩无能为力时（也就是期末考试之后），他们才会得知成绩。不知道自己能否获得好成绩会给一年级学生带来很大压力，因为一年级的成绩对学生毕业后找一份好工作有很大的影响，例如，能否参加"法律评论"（法学院法律期刊的编辑委员会），或者在一年级和二年级之间的暑期找到一份好工作。更糟糕的是，法学院学生的成绩是严格按照曲线来评定的，这意味着不管整个班级的表现是好是坏，只有一定比例的学生能得 A。这让学生们不仅想知道自己对资料的掌握程度如何，还想知道自己与别人相比如何。正如我们所看到的，有时这种社会比较是有益的（向上的激励或向下的安慰），但有时它们具有毁灭性（向上和向下的威胁）。

这些都是法学院的学生压力大的重要原因，但法学院排名前 7 位的真正突出的令人感到压力大的因素是时间。因为复习资料难以理解，而且有很多资料，法律专业的学生平均每周花 40 个小时在课外学习上。40 个小时意味着每个工作日晚上的 4 小时加上周末每天的 10 小时，也就是说法学院的学生几乎没有空闲时间。因此，很多法学院的压力来自于这样一个事实：每天只有那么多的时间，很难把法学院对时间的要求（1、3）与法学院以外的任何生活（5、6）相协调。以下是我研究的一名法律系学生对期末考试前几周的描述：

> 最紧张的时刻显然是为期末考试做准备的时候，因为在连续几周之内，你要做的就是早上尽快起床，打开一本书。你每天都要读一整天的书，直到你终于可以去参加考试为止。我认为这是最有压力的事情之一，因为尤其是在学期结束的时候，其他人都在做诸如为圣诞节做准备之类的事情，但是你从早上起床到晚上睡觉前都在学习。这是让人压力最大的事情。

这就是困难所在，因为正如你已经知道的，尽管在法学院取得好成绩通常是法学院学生的首要目标，但这并不是其唯一的目标。特别是如果学生是乐观的，这甚至不是他唯一的最高目标。法律专业的学生和其他人一样，想要一些时间做运动、看电影、和朋友出去玩，或者和家人待在一起。其结果是与法学院相关的目标和与法学院不相关的目标之间的冲突，但冲突的程度取决于学生是否远离家乡去读法学院。对于那些确实离开家乡入学法学院的学生来说，这个过程已经迫使他们改变了很多目标，尤其是缩短与朋友和家人在一起的时间。以前的目标是每个周末都和朋友出去玩，现在的目标是通过电子邮件和老朋友保持联系。这两个目标对时间的要求非常不同。因此，离开家的法律专业学生逃避了一些目标之间的冲突，这些冲突源于他们必须把有限的时间花在法学院以外的任何事情上。另一方面，无须离开家乡的法律专业的学生经历了更强烈的冲突，对这些学生来说，乐观主义似乎对免疫力有负面影响。

我突然意识到，要努力上法学院和参加课外活动的目标会让我精疲力竭。然而，这正是乐观主义者会做的事情。如果乐观主义者的关键品质是专注于自己的目标，那么我在这些学生身上看到的，很可能是在努力实现相互冲突的目标时，专注和坚持使他的身体难以负荷。

想象一下你在法学院的第一学期。你有你的学业目标，但你也有一群朋友，他们每周四晚上聚在一起娱乐；你还要参加社区乐队演出，他们在周三晚上排练（事实上，朋友们选择在周四聚会的原因是为了能让你排练）；你的父母住在离你 30 分钟路程的地方，他们已经习惯每隔一个周末来看你。你能做什么？你有如下三种选择。

1. **想做就做**。尽可能多做这些事情。即使你可能不得不减少一些活动，有时你也会让自己疲惫不堪，但你会尽可能地去做。

2. **别在法学院那么用功。**决定不再每天都花时间在图书馆，当然也不是每个周末。

3. **放弃你的很多活动。**退出乐队，减少参加聚会的次数（有时，你可能会在聚会即将结束的时候出现），一个月见一次父母。这是完成法学院学业的唯一方法，而且还有休息时间。

如果你相信拥有积极的未来不仅是可能的，而且是美好的，那么你会选择第一个选项吗？乐观主义者对他们的学术成就有很高的期望，所以他们不太可能放弃法学院（选项 2）；正如我们在第 4 章中看到的，他们也会优先考虑社会目标，因此他们不太可能放弃自己的社会活动（选项 3）。为了保护他们已经投入的资源，他们很可能会消耗他们的基本资源——时间和精力、社会地位（在法学院的成就），以及社会关系（与朋友、家人和其他音乐家的密切联系）。然而，如果过度挥霍你的精力资源，你的免疫系统就会付出代价。

不久前，一位女士在医学院的一次活动上听到我的演讲，她让我更好地解释如何抑制乐观主义者的免疫反应。我让她说出最近做过的最让其紧张的事情，她说那就是重新装修浴室。我可能根本就不需要告诉你，如果你不乐观的话，你绝对不会去重新装修你的房子。任何经历过重新装修的人都知道，这是极其痛苦的，所需时间是预期的两倍，成本是预期的三倍。不过，如果你相信打造你的新浴室将是一件伟大的事情，你愿意在短期内支付一些费用，从长远看，只要可以在新浴盆里享受泡泡浴就可以使你收获长期利益。

或许我的一位同事举了一个不那么愚蠢的例子。在一次电话交谈中，她为之前没有主动联系我而道歉，并解释说自己有点忙。这是一个保守的说法。原来她是在教一门新课程（这需要大量的准备），并且为了能为更好地护理她的母亲提供更好的环境，她选择了改造房子，她的母亲患有阿尔兹海默病。在说完这一长串经历后，她停顿了一下，然后说："但当问题得到解决时，一切都会变好。"很显然，她是一个典型的乐观主义者。她清楚地表明，一个乐观主义者会为了实现她所憧憬的美好未来而竭尽全力。

另一方面，如果你认为自己不太可能拥有一个积极的未来，那么当这个过程令你感到充满压力时，你更有可能试图避免追求目标。如果你是一个悲观的法律系学生，你会放弃法学院或参加校外活动，或两者都放弃，以免让自己疲惫不堪。你为什么要为了消极的未来而贬低自己呢？当然，你放弃了在法学院潜在的获得成功的机会，放弃了你的社会关系，或者两者都放弃了。但至少你的免疫系统还能正常工作！

乐观与健康：是否存在能源危机

能源开始看起来似乎是一个乐观的法律系学生愿意放弃的唯一资源。如果乐观主义者在消耗其他资源时通常是"守财奴"，那么他们通过消耗能源以维持其他资源运转就会变成一件非常奢侈的事。不幸的是，身体在低能量状态下所做的事情并不总是那么美好。

首先，免疫系统是一个能量消耗者，从大黄蜂到草原田鼠，当能量来源（外部的，如食物；或内部的，如脂肪）不足时，动物的免疫功能就会变弱。当没有足够的能量时，大脑和心脏等基本系统就会占据优先位置，因为，尽管这是一场赌博，你可能在没有一个功能齐全的免疫系统的情况下存活下来，但如果没有一个大脑来运作身体的其他部分，或者没有一个心脏来泵出维持生命的血液，你就无法存活。

这里的关键术语是"全功能"。这种能量从免疫系统的转移被认为是一种进化的机制，所以它应该发生在它能促进繁殖和生存的环境中。对老鼠的研究证实了这一点，研究表明，在分配有限的能量储备时，促进繁殖和生存的目标——争夺配偶、照顾幼崽，甚至保护巢箱等资源——可以优先于免疫系统。这在进化层面来看是完全合理的。

毕竟，拥有一个完美的免疫系统并不是一个很好的进化适应策略，这取决于你后代的数量和质量。另一方面，如果免疫系统受到太大的损害，老鼠就会生病甚至死亡，这些幼崽也不会存活太久。免疫系统需要消耗足够的能量来最大限度地利用机会，但又不能大到足以杀死你的程度。与这一平衡相一致的是，即使在我们那些有着高度冲突目标的乐观的学生中，也没有人死于重病或倒地身亡。从免疫学的角度来说，也许乐观的学生生活在"悬崖"边上，但每个人都设法与"悬崖"保持安全的距离。免疫抑制可能不是理想的状态，但它可能只是在这种情况下的最佳选择。

然而，对于一些人来说，这种选择可能不是最佳的。关于免疫系统的坏消息是它的衰老速度相对较快。相关研究在 20 世纪 50 年代—20 世纪 70 年代取得了很多进展，我们希望以后我们的免疫系统的反应能力越来越弱。我们越来越容易患上流感和肺炎等传染病。老年人优先接种流感疫苗正是出于这个原因。关于乐观主义对癌症患者的生存研究表明，年轻人可能比老年人更乐观。造成这种差异的一个可能的解释是，老年人的免疫系统更难以吸收能量，并且免疫力低下。此外，如果这种从免疫系统转移能量以追求其他目标的机制的发展只对生育年龄较大的老年人有害，那么这种机制的进化就不可能放缓。等到这种机制开始对健康造成负面影响时，控制它的基因已经被传递给了下一代。

除了免疫抑制之外，如果低能量会导致皮质醇的释放，它还会对身体产生有害影响。心理生理学家习惯于将皮质醇的产生与压力等同起来，这是我们研究皮质醇释放的主要前提。因为皮质醇是一种帮助我们选择战斗或逃跑的激素，所以称它为"压力激素"也是正确的。然而，这个有限的定义偏离了皮质醇的基本功能，它本身并不能使我们做出战斗或逃跑的决定，而是促进葡萄糖释放，从而提供能量。在压力大的时候，身体需要更多的能量，但其他情况下我们也需要能量。例如，当实验改变健康人的睡眠时间时，在限制睡眠后，皮质醇的分泌也会增加。当睡眠不能帮助我们完全恢复精力时，我们就会产生更多的皮质醇来应对疲劳。

我和丽丝进行的字谜持久性研究（见第 2 章）表明，当精力充沛时，皮质醇会被释放出来。回想一下，我们发现那些更乐观的学生比那些更悲观的学生在字谜上花的时间要长一些（在第一个不能解的字谜上，乐观者用的时间比悲观者的多50%，在所有的字谜上乐观者用的时间比悲观者用的多 20%）。我们希望这个实验能回答的首要问题是，性格乐观主义是否会像最初的特定期望研究那样预测个体坚持不懈的本能，而结果确实如此。不过，我们还有一个问题，那就是乐观者的坚持不懈是否会使其在生理上付出代价。

当我们开始计划字谜的研究时，我已经观察到乐观主义在法学学生身上的免疫成本。在这项研究中，我和两名研究生研究了在轻松和困难环境下乐观与免疫功能的关系。简单的情况包括享受短暂的休息时间，而困难的情况则是从荒谬的数字（例如 1317）开始倒数到荒谬的数字（例如 7）。此外，参

与者在困难的任务中做得越好，难度就会越高（从 4672 倒数
到 13），因此他们永远无法掌握或控制难度水平。和所有其他
的乐观主义研究一样，在轻松的环境下，乐观主义与较高的免
疫功能相关，而在困难的环境下，乐观主义与较低的免疫功能
相关。

　　我很幸运，[①] 因为我的一位同事和他的一名研究生对法学
院和医学院的学生的性格很感兴趣，所以他们对所有参与研究
的人都做了一次性格调查。因为我们有性格数据，所以我们能
够看到与乐观有关的两个性格特征。我们可以回顾第 1 章的内
容，神经质是关于消极的，而尽责性是关于努力工作和有目标
的。如果你认为压力是不快乐的和消极的，那么你会预测更多
的压力（如免疫变化）与更强烈的神经质有关。如果你认为压
力是一种个体付出努力的结果，另一方面，你会预测更多的压
力与更强的尽责性有关。当我们把这些其他的人格数据合并在
一起时，证据表明乐观主义与尽责性相关，而非神经质。乐观
的被试的免疫系统似乎受到了抑制，因为他们更努力地工作，
而不是因为他们感到痛苦。

　　所以，当我和丽丝开始制订对字谜研究的计划时，我们已
经考虑到努力和精力是乐观者有时比悲观者表现出更多免疫抑

---

① 你可能开始认为一个成功的研究项目取决于一系列的幸运的突破，实际上它主
要依靠大量的阅读、倾听、思考和努力工作，但意外的发现确实可以帮助事情进展得
更快。

制的原因。我们特别想知道目标参与、努力和能量消耗的物理
成本是多少。在测量了被试自己解字谜的时间后，我们让他们
回去继续解他们跳过或做错的字谜，直到每个人都解了 20 分
钟为止。[①] 然后我们测量他们完成任务后的生理恢复情况。那
些对字谜任务表现得更专注的人——有自我意识的乐观主义
者——在完成任务后，他们的皮质醇水平也会升高，这意味着
他们的身体在试图恢复解字谜时消耗的能量。

这些实验任务只是用来研究乐观行为的冰山一角，但它们
揭示了一些非常有趣的现象：乐观主义者更努力地工作和使用
更多的能量，有时会提高他们的皮质醇水平，使他们的免疫功
能减弱。谈到对健康的影响，为什么你会产生皮质醇并不重
要。在面对具有挑战性的环境（努力或尽力）时产生的皮质醇
与在面对具有威胁性的环境（战斗或逃跑）时产生的皮质醇没
有不同的生理效应。如果产生的时间足够长，这两种物质都会
起到抑制免疫系统、杀死脑细胞等作用。

那么回想一下，乐观和健康之间存在的明显的矛盾可能根
本就不是矛盾。事实证明，在这一过程中，我们通常会做出两
种选择。人们（包括我在内）首先想到的是乐观对心理压力的
影响。乐观倾向于促使个体积极地应对一切，朝着目标前进，

---

① 我们这样做是因为我们感兴趣的是在字谜游戏中，一个人的精神状态对他们身体
反应的影响，而不仅仅是工作更长的时间的影响。这并不是说工作时间越长身体的反
应就越明显，但至少它开始接近令人兴奋的结果，这表明即使在工作同样长的时间后，
那些更专注于任务的人有更明显的身体反应。

尽力保留资源，这反过来又能防止个体产生消极情绪，带来积极的情绪，并随时做好进行社会交往的准备。避免心理压力可以带来生理上的好处，减少交感神经的激活（增加心率、血压等，为战斗或逃跑做准备）和皮质醇的释放。另一种途径与乐观人群的心理和行为倾向有关，他们会参与其中，并试图克服挑战、冲突和压力。这条途径往往需要我们消耗很多能量。如果你年轻、健康，或者两者兼而有之，你或许能够承担这些代价。但如果你没有，能量消耗可能会抵消对心理的益处，导致乐观对健康的净影响为零。这完全取决于哪种途径的作用最大，以及被研究对象的具体弱点。

BREAKING
MURPHY'S LAW

第 6 章

一切都是美好的，也包括消极的事物：
乐观主义者及其弱点

乐观主义：一种原则或信念。乐观主义者认为一切都是美好的，包括丑陋的，一切都是好的，一切事物都是正确的……作为一种盲目的信仰，它是无法被验证的——一种智力上的缺陷，只能坐以待毙。乐观具有遗传性，但幸运的是它不具有传染性。

——安布罗斯·比尔斯（Ambrose Bierce），
《魔鬼词典》（*The Devil's Dictionary*）

我发现了一个有趣的悖论：大多数人都是乐观主义者，与此同时，他们非常愿意相信乐观是一种习惯。当乐观的人积极地追求困难的目标时，就会发生免疫抑制，这表明乐观的人也有脆弱的一面。但以我的经验来看，乐观主义者并没有人们想象中的那么脆弱。例如，我试着向记者们解释，乐观者并不比悲观者更容易受到免疫抑制的影响，因为前者的积极信念能让他们从容应对消极情绪。然而，我们偶尔仍会听到关于乐观的人最终是如何沉浸在失望和绝望中的事例，例如，当他们从医生那得知自己的诊断结果很糟糕时——这与我试图传达的观点恰恰相反，并且与科学文献中的论述相悖。

没有哪一种性格特征是在任何情况下都能给你带来优势的灵丹妙药，每一种人格特征都有其无法掩盖的弱点。我认为乐观主义是一套关于使我积极投入、坚持不懈地追求目标，从而使自己身心健康的、有关未来的积极信念。另一些人则把乐观主义看作有关未来的积极信念，而且他们坚信即使乐观主义者能克服自身的弱点，并且呈现出积极投入和坚持不懈的品质也不一定能总是趋利避害。他们认为与其说乐观主义者是执着的，不如说他们极度是固执的，这种品质会导致乐观主义者到处碰壁，徒劳地消耗能量，甚至可能损害乐观主义者的免疫系统。

幸运的是，我们有研究证据可以证明这个悖论是否正确。研究结果提示了两个问题：首先，乐观主义者是否对负面信息（如风险、威胁还是停滞不前的迹象）不够重视；其次，乐观主义者是否会在放弃任务才是更明智之举时仍选择坚持下去。这些研究表明，乐观主义者并不像怀疑论者认为的那样脆弱，但研究也表明，在某些方面，乐观主义者更脆弱。在继续前进之前，请像乐观主义者一样，翻开人生的新篇章，重新安排你的生活从而最大化你的乐观主义和最大限度地提高生活品质，并停下来权衡一下为生活付出的成本和代价才是明智之举。

玫瑰色的眼镜会使你看到的一切失真吗

对乐观主义者来说，全世界都是美好的。他们拒绝相信混乱或邪恶的事物是真实存在的……但是，这种根深蒂固的、持久的乐观主义，尽管在爱默生这样的人物身上可能只显示出其令人愉快的一面，但对一个民族来说却是危险的。它将致使人们形成对道德考量和个人责任的宿命论的冷漠……

——乐观主义者 R. W. 爱默生船上的同伴

乐观的人期待拥有积极的未来，并对自己和生活感觉良好。但这些是最好的策略吗？对自己和未来的积极信念会让你误入歧途。相信自己是个好司机会让你把车开得更快，而且认定无须系安全带；相信自己不太可能得心脏病可能会让你觉得自己不需要锻炼或注意饮食；相信自己不太可能成为瘾君子，可能会让你尝试极有可能让你上瘾的毒品，就像图 6-1 中的以将生命葬送大海的方式完成季节性群体迁徙的旅鼠一样。

图 6-1　旅鼠的信念

积极的期望会让人们误入歧途吗？

注：该图版权归 1997 年《纽约客》漫画网站的罗伯特·曼考夫（Robert Mankoff）所有

　　更令人担忧的是，人们对可控事件（例如患上性病、糖尿病或中暑）最乐观。人们认为自己完全可以通过安全的性生活、合理的饮食、锻炼和远离阳光来避免这些问题。但如果对这些问题的乐观信念让你变得粗心大意呢？如果你觉得自己绝对可以避免中暑，从而对自己体温过高和脱水的迹象无动于衷，那该怎么办？这将导致乐观引发一个相当具有讽刺意义的结果：乐观使你更有可能遇到那些你本可以避免的问题。

　　回顾第 2 章我们将发现，关注威胁和反复思考问题实际上可以保护我们。在最好的情况下，在灌木丛中寻找那只老虎，或者花时间思考哪里出了问题，可以使你避免血光之灾，或者找到解决问题的方法。同样，对问题的脆弱感会使你更加担心，而担心会导致你对通过改变行为减少风险和担忧更感兴趣。相比之下，那些最不容易患上性病或癌症等疾病的人也对如何预防这些疾病的书面信息最不感兴趣。因为有很多这样的例子，所以你着实应该为一些事情担心一下，因为这种担心会激励你去做一些事情，例如在油箱快没油的时候加满油，如果裤子太紧了就吃得合理一点，或者如果你的终身教职评估日期快到了，就写更多的论文。

如果乐观主义者没有注意到他们的裤子变得太紧的迹象，他们可能会不停地吃奶油泡芙，直到他们根本穿不上这些裤子为止。另一方面，你的注意力有很多用途，但这些用途并不都与你的腰围有关。对威胁关注太少或太多都是有问题的。虽然乐观主义者对风险的关注度比悲观主义者低，但前者对风险给予了足够的关注。

这个世界充满了能吸引你的注意力的事物，但如果你把注意力放在日常生活的所有事物上，你很快就会变得不知所措。为了防止这种情况的发生，你的大脑会过滤掉那些看起来与你不相关的事物，而只让那些看起来重要的事物成功吸引你的注意力。这几乎是一个无意识的过程：你不会看完所有的事物，然后有意识地决定只关注一件事而不关注另一件事；相反，你只会关注那些你的大脑"选定"的重要事情，而不会关注不相关的事情。父母们会意识到他们能在交通噪声、电视噪声和雷鸣声中睡着，但当他们听到孩子在隔壁房间咳嗽时，他们马上就醒了。[1]

乐观者是否会只关注他们环境中的积极信号，并过滤掉所有的消极信号？因为注意力过滤系统是自发工作的，所以你不能只问人们是更关注积极的事情还是消极的事情。你必须以某种方式悄无声息地在他们不知情的情况下测量他们注意力中的偏差（例如，关注积极或消极信号的倾向）。有很多有趣的方法可以帮助我们做到这一点，其中一个让我感兴趣的方法叫作"情绪斯特鲁普实验"（Stroop test）。

常规的斯特鲁普实验是测试你能在多大程度上抑制自己的自动反射，这是我们的大脑额叶的主要任务。如果缺乏这种能力，你就会冲动行事，让自己出尽洋相。[2] 在常规的斯特鲁普实验中，你会得到一个用不同颜色的字体写的各种颜色的单词列表。当你看到一个单词时，你的自动反应是说出这个单词——当你看到"绿色"这个单词时，你会自动想到"绿色"。

---

[1] 我的祖母的听力和视力在其晚年逐渐退化。尽管如此，如果我喉咙发痒并开始咳嗽，她还是能听到我的声音，即使我当时在另一个房间，而她把电视音量开到最大。我怀疑这是与父母过滤器相关的现象。

[2] 有关这种效应的最著名的例子是菲尼亚斯·盖奇（Phineas Gage），他是一名铁路上的工头，在一次事故中，一根推杆快速穿过其大脑的一个额叶，并从他的头部穿过，落在几米远的地方。虽然他活了下来，但他的性格发生了巨大的变化。他的朋友们在事故发生前把他描述成一个温文尔雅、工作勤奋的人，但在事故发生后，他变得满口脏话、不恭敬、不可靠、冲动。后来他失去了在铁路公司的工作，并在 12 年后去世，显然他的性格并没有恢复到以前的那种状态。

但是，在斯特鲁普实验中，你的任务是禁止说出单词字面意思代表的颜色（如"绿色"），并说出单词本身呈现出的颜色（如"红色"），此时你必须抑制自己的自动反射功能并采用一个替代反射功能。这是非常困难的。你可以用不同颜色的蜡笔写一长串重复的颜色单词（如绿色、蓝色和红色），但不要写与它们本身所代表的颜色相同的单词（即不要用绿色墨水写绿色），然后尽快说出墨水的颜色。你能越快地说出墨水的颜色，就表明你抑制自动反射的能力越强。

情绪斯特鲁普实验的步骤与此大同小异，不同的是，当你设计它的时候，你不是用不同颜色的墨水来写某一颜色的单词，而是用不同颜色的墨水来写有情绪特征的词。根据你的思维过滤器的性质，当你试图说出颜色时，某些词会比其他词更容易吸引你的注意力，就像某些声音（哭泣声或咳嗽声）比其他声音（雷鸣声或交通噪声）更容易吸引父母的注意力一样。一旦你的注意力被吸引到这个词上，你只需花几毫秒的时间就可以把注意力从这个词上移回到墨水的颜色上。因此，吸引你注意力的单词会让你更慢地说出墨水的颜色。相反，如果这些字根本没有吸引你的注意力，你将更快地说出墨水的颜色。

情绪斯特鲁普实验似乎是一种观察性格乐观是否会影响人们对环境中的积极信号（如进步的信号）和环境中的消极信号（如威胁的信号）的关注程度的理想方法。在学期刚开始时，我让学生们填写了一份乐观调查问卷。在这一学期末，他们在不知道这项研究与乐观有关的情况下，来到我的实验室，参与了一系列情绪斯特鲁普实验：一名学生将看到具有负面意义的词，如"失败""威胁"和"死亡"；另一名学生会看到带有积极意义的词，如"成功""快乐"和"爱"；还有一名学生将看到较中性的词，如"锤子""螺丝刀"和"钳子"。然后，我将他们的乐观程度与他们对积极词汇和消极词汇颜色的反应速度比对中性词汇的反应速度慢多少联系起来。给积极词汇的颜色命名的速度慢于中性词汇的人对环境的积极方面有一种注意力偏见；给消极词汇的颜色命名的速度比中性词汇慢的人对环境的消极方面有一种注意力偏见。

图 6-2 揭示了我的实验结果。[①] 正如你所预料的那样，乐观的人更关注积极的词，而悲观的人更关注消极的词。然而，特别有趣的是人们倾向于关注的这两类词的时间的确切数值。即使是最乐观的人也会注意一些消极的词；只是那些悲观的人更注意环境中消极的、具有威胁性的刺激这一点是很重要的，所以怀疑论者所说的不关注负面信息的行为可能是危险的是有道理的。然而，他们断言乐观主义者根本不会只关注负面信息的观点是错误的。事实上，悲观主义者做得太多了。问问你自己：对消极事物的关注程度保持在什么样的水平才是健康的？当你深陷其中，无法摆脱消极思想时，你的注意力就会过强。担心太多的人解决不了问题，甚至可能只专注于无法解决

---

① 自从我们发表这项研究以来，托莱多大学的安德鲁·格尔（Andrew Geers）博士和学生们在他们的研究中发现了同样的结果。

的问题，例如过去发生的无法挽回的事情。他们无法摆脱消极思想。悲观主义者往往是忧虑者，他们会比乐观主义者花更多的时间思考自己做错的事情，以及自己在将来可能会做错的事情。他们明显倾向于更关注周围环境中的负面事物，这甚至可能让他们相信自己的表现比实际上更糟。悲观主义者会比其他人注意到更多不赞同的表情、错误和轻视，因此对他们来说，即使他们实际上做得和其他人一样好，他们也会觉得自己犯了更多错误。

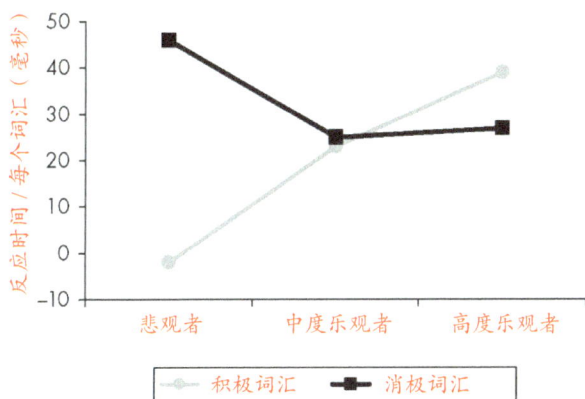

图 6-2　实验结果

"干扰"，即那些会影响人们在辨认词汇本身的颜色的速度的因素。乐观者会受到消极词汇的干扰，但悲观者几乎不会受到积极词汇的干扰。

我认识几位老师，他们要么不再阅读对他们教学水平的评论，要么深受"个别批评者综合征"（the one-critic syndrome）的折磨。当你得到 110 个评价时，就会出现这种症状，有些人会评价说"很棒的课程，我喜爱它""老师学识渊博"或者"在上这节课之前我从来没有理解过这个话题，谢谢你让我轻松地掌握了相关知识"，但其中有一条是"无聊的演讲者、单调的声音、总是在重复讲相同的内容，无法让人保持清醒"。因为在大课或研讨会上不可能面面俱到，所以即使是非常好的老师或演讲者也会得到一些负面的评价。然而，对消极事物的明显的注意力偏差会使一个"批评者"的负面评论在众多评论中脱颖而出，并会促使你反复思考为什么自己会被如此厌恶，以及自己可能做错了什么。在正常情况下，你会想"我不是这样的"或"这没什么大不了的"，但当你的注意力深陷在消极的一面时，情况似乎并非如此。当没有积极的想法时，问题会变得更糟。悲观者几乎不会注意任何积极的话语，这意味着积极的评价和赞扬对他们来说远不及一个消极评价所具有的吸引力大。事实上，积极的反馈可能并不比什么都不说的评价更具有吸引力。可悲的是，一些老师如果想要避免某一批评者对他们注意力的攻击，唯一的方法就是完全避免阅读评语。这种回避的结果是，他们将得不到任何可以帮助他们改进的反馈意见，也无从验证他们是否在进步。缺乏指导和鼓励会导致悲观主义者更悲观、放弃自己的目标，并且不那么快乐。

与悲观者相比，适度乐观的人对积极事物的关注度与对消极事物的关注度是平衡的，而非常乐观的人对积极事物的关注度甚至更高。证据表明，悲观主义者比乐观主义者更倾向于脱离现实。乐观者虽然更注意积极的一面，但也会注意消极的一面，他们知道如何保持平衡。虽然批评会吸引他们的注意力，但有时赞扬也会让他们感到厌烦。乐观主义者不会患上"个别批评者综合征"，因为他们有一些自己的观点。

消极的注意力偏见会导致悲观主义者试图避免关注具有威胁性的消息，但是乐观的信念可能会反过来帮助人们接受潜在的威胁，而不会感到不知所措、无助或沮丧。因此，乐观主义者实际上可能比悲观主义者更愿意有意识地决定看到或听到具有威胁性的信息，例如负面的教学方面的评价，或者是有关自己的健康状况的负面信息。在这项研究中，两组学生——一组使用维生素，另一组使用日光浴——有机会在电脑上阅读关于他们行为的潜在健康风险或益处的信息。电脑记录了每个人在屏幕上浏览风险或有益信息的时间。总的来说，比起风险信息（平均浏览时间为 86 秒），人们更倾向于选择阅读有益信息（平均浏览时间为 95 秒），但是一组人选择阅读更多的风险信息而不是有益信息，这一组人就是非常乐观的学生。

证据表明，乐观者既不回避消极的信息，也不回避具有威胁性的信息。有些人以为乐观主义者戴着一副玫瑰色眼镜，因此在他们眼中所有事物都是玫瑰色的。这种观点的错误之处在于将乐观主义者和对未来有积极预期的人等同起来。然而，本书的重要观点之一是，拥有积极预期只是乐观主义者的起点。乐观主义者对未来的积极预期包含了一种强调克服障碍的处世之道。从这个角度看，乐观主义者想克服障碍的愿望将与想准确了解这些障碍所包含的内容的愿望相结合，以便制订出克服这些障碍的更好的计划。有证据表明，乐观者确实注意到了一些负面因素，这与他们参与并克服问题的愿望相吻合。虽然实现目标的一个好方法是发挥自己的长处，但你也不能通过忽视自己的弱点而成为更好的老师、配偶或桥牌手。

期待最坏的结果却能取得最好的结果：防御性悲观主义

乐观者总是期待最好的结果，他们相信事情不会变糟，他们希望事情按照自己期待的方式发展。但事情有时确实会出错。最好的结果并不总是会发生。当情况特别严峻时，乐观主义者可能会特别脆弱。

——心理学家霍华德·坦南（Howard Tennen）和格伦·阿弗莱克（Glenn Affleck），《乐观性解释和性格乐观的成本和收益》（*The Costs and Benefits of Optimistic Explanations and Dispositional Optimism*）

预测潜在的问题是一个明智的举动，因为如果你能预料到不好的事情即将发生，你就可以采取措施来避免它。事实上，有些人预测不好的事情会发生是为了激励自己战胜困难。这些人被称为"防御性悲观主义者"。防御性悲观主义者不会期待最好的结果，而是做最坏的打算，并且想象所有事情都会出错。

与性格悲观主义不同，防御性悲观主义是一种非常有效的表现策略。在一项研究中，一些掷飞镖的人被要求用一种悲观的防御策略来准备掷飞镖的测试，思考在掷飞镖的过程中可能会出现的失误以及解决方案（也就是说，没有投中目标并试图通过纠正错误的方式来重新投中目标）。另一些人则被要求用一种典型的乐观策略来做准备，思考可能会击中的目标（也就是说，击中目标的正中间）。还有一些人想象的是令人放松的画面，例如躺在沙滩上。在飞镖测试中使用这些策略的人的表现其实非常相似，除非你仔细观察使用这些策略的人。报告显示，当经常用防御性悲观主义来处理问题的人使用一种悲观的策略时，他们认为自己会提前错过目标，此时他们投掷飞镖的准确率最高，在投掷之前让他们想象自己将表现得完美或放松实际上会让他们表现得更差。而其他人在放松时掷飞镖的表现最好。让他们事先考虑任务完成情况——要么做得很差，要么做得很好——会让他们表现得更差。

类似的效果在现实生活中的荣誉学院中的大学生身上也有所显现。考虑在大学里失败的可能性与防御性悲观主义者能获得更高的平均分数有关。另一方面，那些对校园生活持乐观态度的学生如果反复思考的话，他们的平均成绩就会较低。尽管焦虑和担心通常被认为对个体表现有害，但如果你是一个防御性悲观主义者，试图不去担心一切对你来说是完全错误的策略。

现在，你应该问问自己这两个问题：防御性悲观主义者是如何通过想象最坏的情况来克服他们的障碍的；如果防御性悲观主义者真的很悲观，他们为什么还要努力克服障碍呢？性格悲观主义者的一个特征（也许是最典型的特征）是他们会放弃。但防御性悲观主义者不会轻易放弃。从对潜在问题的反应来看，防御性悲观主义者更像性格乐观主义者而不是性格悲观主义者。性格乐观主义者和防御性悲观主义者都会思考如何克服困难，并朝着目标不断努力。性格悲观主义者倾向于避免思考这个问题，或者干脆放弃。此外，尽管防御性悲观主义者认为失败的可能性是一种自我防御的方式，但他们并不具备会导致他们认为失败是不可避免的失败的经验。性格乐观主义者和防御性悲观主义者都有较多成功的经验，而性格悲观主义者则有较多失败的经验。

以防御性悲观主义者艾米（Amy）和性格悲观主义者梅（May）为例。两人都不确定自己能否在工作上取得成功。艾米考虑了她的表现可能存在的所有不足之处，并采取措施加以改进，得到了很好的评价。虽然她继续专注于工作中遇到的问题，但她也看到了克服这些问题的可能性，并能够通过避免问题为自己带来成功。梅和艾米一样，也考虑到了她的工作可能存在的不足之处。与艾米不同的是，梅认为自己的弱点是无法改变的，所以她没有采取措施去纠正它们，然后得到了一个糟糕的绩效评估，这只会让她更加坚信，坏事会发生在她身上。

　　我认为防御性悲观主义实际上可能是性格乐观主义者的一种应对策略。一个性格乐观主义者怎么可能是一个防御性悲观主义者呢？一般来说，乐观并不能保证你在生活的各个方面都能做到最好。我们对人际关系、工作成绩或驾驶技能的预期不仅受自身性格的影响，我们的经验和来自周围环境的反馈也起着很大的作用。例如，在法学院入学考试中取得好成绩的学生比那些成绩较差的学生对自己在法学院取得成功更有信心和积极的预期，这是一种理性的反应，因为这种标准化测试的目的是预测学生的成绩，尤其是在刚入学的时候。同样，肯塔基大学新生对自己未来学习成绩的乐观程度不仅与他们的性格乐观程度有关，还与他们的高中综合考试成绩有关。那些在高中取得好成绩的学生在大学也会很成功。预期的领域越窄，性格乐观主义的作用就越小。当学生预测自己的某门特定课程的成绩时，性格乐观对他们对这门非常狭窄的学科的预期的影响只占2.3%。

　　即使你的性格是悲观的，你也可以对特定的领域充满信心——例如，你可能获得了多个国际象棋冠军，你可以将对象棋比赛的乐观转移到令你感到悲观的事物中。同样，即使你性格乐观，你也会对生活中的某些事物缺乏信心，例如，你的网球水平是否会提高，你是否会赢得选举，或者你是否能与性格清奇的人友好地相处。我们的评估人们对具体日常目标的乐观程度的目标数据清楚地表明，悲观主义者有一些他们感到自信的领域，而乐观主义者偶尔也有一些他们不确定能否取得成功的领域。

斯特鲁普实验的结果表明，乐观主义者对负面的和具有威胁性的信息给予了足够的关注，因此，如果未来似乎存在出错的可能性，性格乐观主义者应该意识到这种可能性。然而，有趣的是，当性格乐观主义者和性格悲观主义者都对某一特定领域（如减肥）作出最坏的预期时，他们会怎么做呢？事实上，这是完全可以理解的，因为大多数人很难减肥成功，而且他们极有可能变更胖或者反弹。性格悲观的人忠于自己的本性，因此可能会放弃减肥的目标。但放弃的想法可能会让性格乐观的人感到不快。乐观主义者通常习惯于用投入和坚持来实现目标。当你把投入和坚持不懈的方式与消极预期结合起来时，你会得到什么结果？你将不仅想象所有潜在的陷阱（如咖啡车上的小点心、甜点盘上的芝士蛋糕），还会想象如何回避或克服它们。

由此可见，防御性悲观就是对悲观预期的乐观态度。性格悲观者甚至在比赛开始前就承认了自己有被对手反手重击的设想，而防御性悲观主义者会反复练习回球。这种练习也许会有效，也许会无效，但从长远来看，这种方法肯定比在比赛开始前就离场更有效。在选举中落选的预期会诱使一个性格悲观者认输，但一个防御性悲观者会通宵制作更多的竞选海报。

蚱蜢似乎比蚂蚁聪明

乐观主义最盛行的地方是精神病院。

——哈维洛克·艾利斯（Havelock Ellis），内科医生

防御性悲观主义强调的是当你预料到问题但觉得自己可以克服它们时才会出现的情况。如果是相反的情况，即你觉得未来本该是积极的，但你却不能让它成真呢？当你没有相应的技能（不管你怎么努力练习，你可能永远都不会扣篮），或者你的努力无济于事（你可以把马牵到水边，但你不能强迫它喝水）的时候，这种情况就会发生。怀疑论者可能会说，乐观主义者会不断尝试实现一个根本无法实现的目标，在这个过程中他们不仅会浪费时间和精力，还会遇到大麻烦。

乐观主义者往往不会认为有什么目标是无法实现的。与"坚持"这个词的意义虽全然不同但却被相提并论的词是"固执"。"坚持"这个词让人联想到成功，而"固执"这个词让人联想到在完成某个永远不会有回报的目标时工作效率低下。你会为了实现某个目标坚持很久吗？如果是这样的话，你也许就有一些顽固不化而非坚持不懈了。毕竟，坚持是要付出代价

的。我们可以想想无法控制的局面或无法解决的问题。有些人可能会说，在实验研究中，乐观者在无法解决的字谜上花的时间更长，这意味着他们更固执，而不是坚持不懈。不管你花多少时间，有些问题永远解决不了。在这种情况下，花时间和精力去解决它们永远不会有回报。放弃才是有勇气的最佳选择。

商学院学生从"沉没成本"的角度学习思考这个问题，这在他们看来相当于"把钱花在了错误的地方"。假设你正在设计一个新部件，你已经投入了 20 万美元来开发你的小工具，公司的另一位同事设计出了一个更好的小工具，而你只需再投入 2 万美元就可以完成任务。你是不是因为已经花了 20 万美元（沉没成本），所以不得不把它完成？事实上，这个新工具的开发让 20 万美元的沉没成本变成了"坏账"，而坚持把最后的 2 万美元花在这上面就是在浪费钱。继续采用旧的设计方案是不会有回报的。你必须知道什么时候该放弃。

过于坚持不懈会损耗机会成本，也就是说，你可以用 2 万美元完成任务，而不是将它花在完成一个过时的小部件的开发上。在其他情况下，这可能意味着你把时间和精力花在了一个你无法解决的问题或一个你无法实现的目标上。你原本可以将这些时间和精力花在其他一些可以解决的问题或能够实现的目标上，但由于过度坚持，你错过了解决其他问题或实现其他目标的机会。固执的代价不仅包括你所浪费的时间和精力，还包括你本可以取得的其他成就的机遇。

乐观主义者会浪费精力并损耗机会成本吗？研究表明，乐观者在无法解决的问题上花费了更长的时间，这表明他们浪费了很多的时间吗？放弃在实验室的实验不是一种典型的乐观反应，但实验室实验是奇怪的。犹他州立大学的心理学家丽莎·阿斯平沃尔（Lisa Aspinwall）指出，乐观主义者在实验室实验中常常会表现得坚持不懈，有的人会将此视为一种无效的、不明智的或徒劳的举动，但这种想法是有失偏颇的。首先，在实验室研究中，乐观者除了完成"徒劳无益"的任务外，只能选择放弃。但在现实生活中他们可以选择不同的目标，也可以选择不同的途径去实现它们。其次，坚持做实验室研究没有真正的机会成本。这个人已经投入了一定的时间来参与研究，不管她选择坚持还是放弃，这段时间都被其投入在做研究的过程中。我并不是说她可以不完成任务，而是她只是为了应付化学考试而学习。这就像在一个持续一小时的强制性员工会议上，无论你是否关注或参与员工会议，都不会影响那一小时的机会成本。你被困在了那里，你可以参加，也可以不参加，但是你不能把时间夺回来。

如果你把实验弄得不那么像员工会议，提供一个小时自由支配的时间，乐观者的表现也会随之改变。丽莎设计了一项研究，在这项研究中，人们要么继续做这个毫无结果的任务，要么做其他事情。在她的研究中，研究人员给了被试一组无解的字谜，并让他们花 20 分钟来完成。他们中的一些人还被安排了另一项任务——解一组不同的字谜——如果他们愿意，他们可以放弃那些无解的字谜。在只有无解的字谜的那组中，大多数人都花了整整 20 分钟来研究它们。然而，在有选择权的一组中，大多数人选择在 12 分钟后放弃无解的字谜转而去完成其他字谜。这个研究表明，是否有其他选择会对人们是否会选择坚持下去产生影响（例如，你可以选择完成其他工作，而不是参加员工会议——根据我的经验，这种替代方案经常被利用）。

研究结果中特别有趣的一点是，当乐观者有其他选择时，他们会更快地放弃那些徒劳无益的目标。最乐观的被试在放弃无解的字谜之前所花的时间大约是悲观的被试的 2/3。也就是说，乐观主义能让人们在有选择的情况下更早地放弃。或许在开会期间在桌子底下用手机发电子邮件实际上是一种乐观的信号。这也可能表明该会议没有什么意义，因为这项研究没有表明的是如果被试确实取得了进展会发生什么。鉴于进步的迹象，我预测，如果事情有所进展，乐观者实际上会在放弃无法解决的问题之前坚持更长时间。毕竟，第 2 章的证据表明，在可能取得进展的现实生活的任务中，乐观主义者比悲观主义者坚持的时间更长是众所周知的。综上所述，所有这些证据都表明，在何时追求目标、何时放弃目标的问题上，乐观主义者比悲观主义者都更明智。

艰难地学习……或者根本不学

乐观主义者是一个涉世未深者。

——诗人唐纳德·罗伯特·佩里·马奎斯

（Donald Robert Perry Marquis）

乐观主义者有时会过于坚持不懈，但悲观主义者所犯的错误往往是坚持的时间不够长。这两种错误是在不同的情况下产生的，乐观主义者的错误实际上在不同的情况下也许能帮助其更好地判断出应采取何种明智的行动方式。

对于生活中我们付出过努力的大部分事情上，最初的失败并不意味着我们就应该立刻放弃。相反，在某一时刻，即使你失败了，继续尝试也是有意义的；在某一时刻，放弃并尝试做其他事情也是有意义的。当布莱恩第一次约金姆出去时，金姆拒绝了，但下一次她还是有可能答应的。也许金姆会重新考虑，也许她只是欲擒故纵罢了，也许她的朋友会让她相信布莱恩是个好人。毫无疑问，他应该再试一次。而如果布莱恩在第七次约金姆出去后还是被拒绝，那么，在他第八次尝试中获得成功的概率并不会太高。此时，也许布莱恩该放弃，重新寻找其他约会对象。在学术界，一篇文章被第一家投稿的学术期刊拒绝是很常见的。然而，即使没有提交给不那么挑剔的期刊，它被另一家期刊接受的概率仍然很大。我曾有一些文章被更有声望的期刊接受，但被不那么有声望的期刊拒绝。在被拒几次之后，也许是时候考虑一下这篇文章是不是真的有问题，而且即使再坚持投稿，恐怕也没有人会发表它。理解这个极限的另一种方法是考虑你已经付出了多少努力，以及在下一次尝试中获得成功的概率。我认为这种关系看起来如图 6-3 所示。

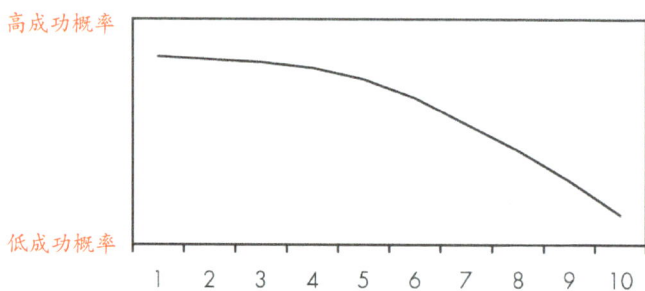

图 6-3　每次尝试取得成功的概率

在不同的情况下概率可能会有所不同，这取决于你要尝试做什么，但我认为这个图中的趋势可能是非常准确的。在每一次失败中，你都会更深刻地洞察自己的机会。一次失败通常并不意味着你不能在下一次尝试中成功，你获得成功的概率甚至可能是一样的。办公室里到处都是在第一次尝试中失败的员工，当然也包括一些一路顺利地攀升到最高职位的人。

1974 年，比尔·克林顿（Bill Clinton）第一次竞选公职失败，未能进入众议院，但他在 1976 年当选为司法部长。乔治·赫伯特·沃克·布什（George Herbert Walker Bush）在 1964 年第一次竞选参议员时失败，但他在 1976 年当选为众议员。一开始总是出师不利几乎是开国元勋们的常态：托马斯·杰斐逊（Thomas Jefferson）、约翰·亚当斯（John Adams）、约翰·昆西·亚当斯（John Quincy Adams）和安德鲁·杰克逊（Andrew Jackson）在成为总统之前都在总统选举中失败过。

然而，如果第二次失败，最终取得成功的概率就会降低一些，因为两次失败意味着你的项目可能注定要失败。但这一切都是未知数，如果你再试一次，你可能会成功。约翰·亚当斯曾两次竞选总统（1789 年和 1792 年）但在第三次（1796 年）才获胜；罗纳德·里根（Ronald Reagan）在 1968 年和 1976 年的共和党总统提名竞选中失败，直到 1980 年他才赢得总统大选。

然而，随着越来越多的失败，你最终成功的概率会逐渐下降。几次失败之后，很明显，你不太可能获得成功。从 1824 年到 1848 年，亨利·克莱（Henry Clay）曾五次竞选总统。他在最后一次竞选中未能获得党内提名，甚至他的家乡肯塔基州的选民也在辉格党的初选中支持他的对手扎卡里·泰勒（Zachary Taylor）。辉格党发现了克莱显然没有发现的东西：是时候放弃了。

在某一时刻，成功的概率会变得非常低，以至于不值得我们再坚持下去。我们需要基于经验而非智力才能知道自己什么时候能取得成功，而这些经验来自于第八次、第九次或第十次尝试。换句话说，经验来自于人们因乐观而犯下的错误。犯悲观的错误并不能为你提供一种让你知道什么时候该放弃的经验。坚持多长时间才够长？早早就放弃的人永远不会发现。几次尝试并不能告诉你是否坚持了足够长的时间，或者无法为你提供一张可以帮助你解决问题的指引图。也就是说，如果布莱恩在追求金姆的时候很乐观的话，他就会很快看清坚持不懈地追求心爱的人和放弃之间的准确界限。由此，他将很明确地付出行动并知道什么时候放弃是最明智的，什么时候继续前进才会有回报。当改变路线的选项出现时（就像丽莎·阿斯平沃尔的实验中所做的那样），布莱恩会更快地认识到改变是否是更好的选择。

我认为自己是一个执着的人，虽然我相信选择坚持下去是富有智慧的，但在一件事情上，即使到了该停下来的时候，我也停不下来。每当我开始玩单人纸牌游戏并输掉游戏时，我都觉得自己正处于胜利的边缘，并坚信只要再试一次，我就一定能赢。赌博、纸牌游戏和类似的活动与日常生活中的很多活动都不同，因为你尝试的次数和你之前的成功概率以及你未来的成功概率几乎没有关系。在真正的概率游戏中，你之前的成功与你在未来获得成功的机会不存在任何关系。与图 6-3 的曲线不同，概率游戏的函数如图 6-4 所示。

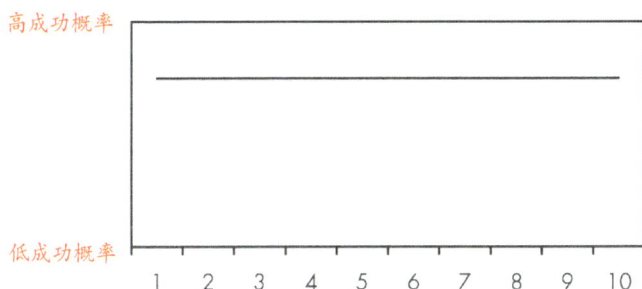

图 6-4　每次尝试取得成功的概率

现在，你需要掷一个骰子，目标是掷出 3。你掷出 3 的概率是 1/6 或 17%，所以你失败的概率是 1/6。当你再一次掷骰子时，你掷出 3 的概率仍然是 1/6。无论你掷多少次，概率都是 1/6。许多现实生活中的努力（找工作、约会、手稿被出版社接受、竞选总统）和概率游戏之间的区别在于，在现实生活中，坚持不懈可以使你不断重新评估自己获得成功的概率，而在概率游戏中，赔率是完全相同的，此时坚持不懈不会使你学到任何有用的东西。

这一区别对悲观主义者来说并不重要：他们通常会尝试几次，如果不成功，他们就会放弃。另一方面，乐观者通常会不断尝试，直到赔率开始明显降低为止。只要获胜的可能性足以证明自己的努力是有用的，乐观主义者的这种错误的行为——坚持不懈——可能会让他们比悲观主义者赌得更久，因为在概率游戏中赔率永远不会降低。

　　此外，由于乐观主义者比悲观主义者更关注积极的进展，因此他们应该更容易遭受"险些成功"（near miss）的影响。在"险些成功"的情况下，你几乎马上就要成功了但没有完全达到你的目标。毋庸置疑，那些设计碰运气游戏的人也对"失之毫厘"的结果非常敏感。最受欢迎的老虎机之一被称为"幸运之轮"，赌客们每年给它投入 10 亿美元。当你玩"幸运之轮"时，你可以用玩平常的老虎机的方式赢钱（例如，通过转到 3 个樱桃或其他东西），但如果你到达"奖金轮"，你就可以赢得更多的钱。在电视上的模拟幸运之轮中，你落在转盘上的任何一块馅饼上的概率是完全相同的。然而，在拉斯维加斯的数字电子幸运之轮里就不同了。这台机器经过编程，能比其他机器更多地降落在一些零件上。它会自然而然地落在更少的钱上，而不是更多的钱上，但你可能会惊讶地发现这台机器的程序也会经常落在你押的最大数额的旁边的数额上。这个老虎机会告诉你："你离赢钱只差一点点！你已经很接近了！最好再拿出一个硬币试一次！"

　　就在上周，我在我的购物车里发现了另一个例子。有人买了一张彩票，它上面写着"近乎幸运"，他把它刮开以后发现没中奖就立刻把它扔进了购物车。这张彩票上有一个数字游戏图，如果你在任何方向的一条直线上得到 3 个 3，你就赢了。我找到的那张彩票如图 6-5 所示。

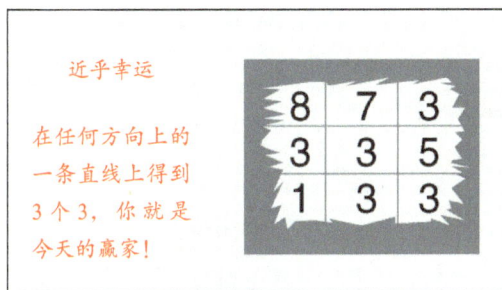

近乎幸运

在任何方向上的
一条直线上得到
3 个 3，你就是
今天的赢家！

8	7	3
3	3	5
1	3	3

图 6-5 被遗弃的彩票上的图案

根据我的观察，这张彩票的"倒霉"主人在多个方向上几乎凑足了 3 个 3。这张彩票的意义在于，它会使购买者产生自己不是不幸的而是幸运的错觉。游戏设计师们知道，只要能让玩家认为自己再试一次就有可能赢，他们就会投入更多的钱。

研究表明，乐观的人特别容易受到"险些成功"的影响。在这项研究中，人们玩了一个老虎机游戏，这个游戏是被实验者操纵的（就像拉斯维加斯赌博的那些人被游戏设计者操纵一样）。乐观主义者绝对是这场游戏的输家。首先，乐观者不会仅仅因为输了就停止赌博。这些乐观主义者就像乐天派一样，致力于解决无法解决的字谜游戏，即使面对失败，他们也会坚持不懈。其次，乐观者更容易受到"险些成功"的影响，研究结束后乐观者对"差一点就赢了"的记忆也更多（如果他们真的输了，这一点尤其明显）。

乐观主义就像其他的个性特征一样，并不能使个体适应所有情况，就像乐观者在赌博中会坚持玩更长时间一样。在碰运气的游戏中，乐观者比悲观者更容易上当。[①] 他们的做法似乎就是不断尝试，直到成功的可能性低到表明他们的努力不再值得为止。因为博弈的概率永远不会降低，所以乐观主义者会赌得更久。他们也更容易受到"险些成功"的影响，如果游戏中这种现象出现的概率更高，乐观者就会特别喜欢这个游戏。

另一方面，随着时间的推移，成功的概率没有变化的情况似乎仅仅是生活中的偶然情况而不是常态，我们甚至可以将此看作一种"赌博"。就像你因为想被发掘并成为一个电影明星而搬到好莱坞，如果你一直在好莱坞大道上闲逛了 10 年都没有人会多看你一眼一样，这会给你传递一种信息，即你明年被星探发现的可能性几乎为零。因乐观犯错而不是因悲观犯错的好处是，坚持是有教育意义的，即使它没有使你获得成功。而放弃不会教给你任何东西，而且你经常会错过获得成功的机会。

---

① 然而，乐观主义者是容易对某个事物入迷的人。乐观主义者之所以赌博是因为他们相信从长远来看自己能赚钱。此外，有一些人赌博是因为他们有"我喜欢这种紧张的气氛"或"我喜欢用赢来改变我生活的可能性"的观点，他们是寻求刺激的人。还有一些人赌博是因为他们认为"它有助于分散我对生活中可能面临的其他问题的注意力"，他们是逃避型伴侣。乐观者是不会出于这些原因去赌博的。

目标对目标：你还能赢吗

悲观者从每个机遇中看到困难；乐观者在每个困境中都能看到机会。

——政治家温斯顿·丘吉尔（Winston Churchill）

想象一下，你高度专注于两个目标，你对实现两个目标都有很高的期望，并且你对这两个目标的投入程度都很高。但一天只有 24 小时，而你只是一个普通人。如果你有无限的时间，花更多时间在花园里工作的目标和花更多时间练习高尔夫的目标不会冲突。同样，在生物学中取得更好成绩的目标和参与更多课外活动的目标之间也没有任何冲突。不幸的是，一天中只有那么多的时间，我们只有有限的精力、金钱和其他资源可以用来追求目标。当两个或多个目标争夺相同的资源时，就会发生资源冲突。此外，保持乐观和努力实现参与目标都与更强烈的资源冲突相关。乐观的人更专注于自己的目标，而不太可能放弃目标，因此会经历更多的资源冲突。

资源冲突涉及两个潜在的问题。首先，追求两个存在冲突的目标会消耗个体的精力。对于第 5 章中乐观的法学院学生来说，花费时间和精力达到法学院目标的欲望与花费时间和精力维持社会关系的欲望之间的冲突导致其免疫功能减弱。其次，机会成本将开始发挥作用。如果两个目标在争夺时间和精力，那么将大部分资源分配给一个目标意味着分配给另一个目标的资源就会减少。

我们如何才能最好地平衡分配给不同目标的资源呢？我们可以看看动物界中的觅食者，这可能有助于我们在追求目标的过程中迈出一大步。觅食者会通过外出、四处搜寻来获得食物。觅食者可能是寻找种子和浆果的鸟，也可能是寻找田鼠的狐狸。为了生存，觅食者必须平衡收益和成本。当然，觅食的好处在于能汲取到食物中的营养。觅食的成本即寻找和消费食物所花费的时间和精力。一个高效的觅食者能花很少的时间和精力去寻找一种富含卡路里的食物。而一个效率低下的觅食者会花费大量的时间和精力去寻找卡路里含量低的食物。

时间和精力是很重要的，因为觅食者就像追求目标的人一样，会因为这些资源而付出机会成本。寻找浆果会消耗一些资源，这些资源也可以被用来寻找其他地方的种子。

寻找老鼠使用的资源也可以用来寻找白蚁。[1]实际上有一个公式可以说明最佳的觅食策略。[2]这个公式如下所示。

---

[1] 狐狸吃白蚁吗？我不知道。如果我是一只狐狸，我想我会吃一只白蚁，但现在已经快到午餐时间了，当你饥肠辘辘的时候，你会将很多食物都视为美食。

[2] 不会有研究者真的用这一等式，我把它写在这里是为了那些对这类东西感兴趣的方程式爱好者们。

$$R=\frac{\lambda e-s}{1+\lambda h}$$

R 是觅食者的效率指数。这个公式的意思是，在效率提高的前提下当 λ（寻找食物源的概率）大的时候，e（从食物来源获得的能量）就会变大，s（搜索食物的成本，包括机会成本）会变小，h（消耗食物的时间）也会变小。也就是说，更大的 R 值反映了良好的觅食策略，因为这种策略能带来丰富、容易找到和食用的食物来源。

追求目标的人就像觅食者一样，在追求可实现的目标（例如丰富的食物）时，他们会获得有意义的回报，就像动物能从食物中汲取营养一样，在这一过程中他们是高效的。当资源冲突较轻时，他们也是高效的，这意味着他们不会放弃任何可以用于实现其他目标的资源。在乐观主义者的觅食公式中，每一个因素的数值都会偏高，因此他们是否在做正确的事情这一点并不是很明显。一方面，乐观主义者更有可能实现自己的目标（λ），同时在实现目标的过程中获得更多的欢乐，所以在考虑方程（λe）这部分时，他们是高效的。另一方面，他们也有更多的资源冲突，因此当考虑等式（-s）的那一部分时，他们的效率较低。问题是，他们如何平衡这一切呢？

在用期望代替成功概率，用快乐代替获得的能量，用资源冲突代替机会成本的前提下，^①觅食方程可以说明乐观主义者是否比悲观主义者更能平衡成本和收益。有关日常目标的研究中，乐观显然会导致更高的 R 值，即更有效地追求目标，更好地平衡成本与收益。图 6-6 显示了从高度悲观到高度乐观时 R 值的变化情况。是的，乐观主义与更高的成本有关，但与受益的关联度也高得多，以至于它远远超过了个体的支出。

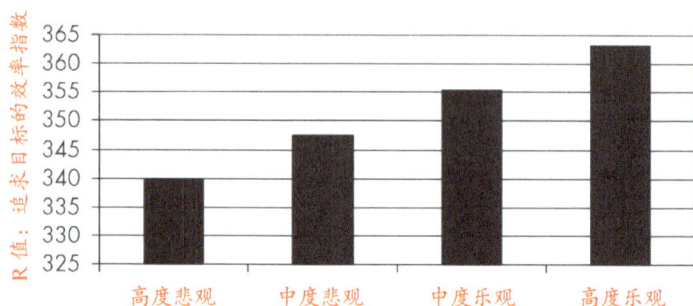

图 6-6　乐观主义与 R 值的关系

　　当我发现自己不可能通过做其他任何事在更多比赛中获胜时，我就成了一个乐观主义者。

——棒球队经理厄尔·韦弗（Earl Weaver）

---

① 假设消费成本为 0。与吃白薯不同的是，考试取得好成绩或花更多的时间与家人在一起并不需要我们付出额外的时间来取得成就。也就是说，一旦你实现了一个目标，你通常就不需要花费额外的时间和精力去享受它。

大量的证据表明，乐观主义会通过让人们参与到实现他们的目标和建立他们的资源的过程中来使人们受益，并提升人们的幸福感，但乐观主义和像乐观主义者那样行事也有一些缺点。这些缺点并不是人们通常所提出的，例如容易失望和徒劳地坚持。相反，它们似乎是明确界定的"阿喀琉斯之踵"，例如，玩轮盘赌的时间更长，以及为了实现目标而挥霍精力的倾向。

这些弱点会让乐观主义者付出多少代价？在宏大的成本效益分析中，证据就在我们眼前。我在第 5 章中总结过，由于追求相互冲突的目标而导致的免疫抑制的最终成本不会高得让人望而却步，因为乐观最终并没有导致更高的发病率或死亡率。同样，我得出了一个结论：与乐观主义相关的有限弱点的最终代价不会高得令人望而却步，因为从长远来看，乐观主义者更有可能实现目标，获得更高的幸福感（见第 2 章）和对生活的满意度（见第 3 章）。如果乐观者的脆弱绝对不是致命的缺陷，乐观的益处最终会超过其让人们所付出的代价。

BREAKING

MURPHY'S LAW

第 7 章

乐观主义者是天生的还是后天养成的：
关于乐观性格的再思考

当谈到乐观的性格时，大多数乐观者都不是天生就具备这种特征的。其他人格特征在婴儿时期就会有所显现，例如，表现得放松的婴儿倾向于成长为善于交际的儿童和成年人，而表现得紧张的婴儿倾向于成长为拘束的儿童和成年人。另一方面，性格乐观主义似乎在不同的人的一生中以不同的方式发展，所以一个婴儿或孩子的性格可能只与其成年后的乐观程度有关。如果你生来就不是乐观的，你要怎样才能变得乐观呢？

你周围的世界：乐观的文化

大多数美国人都很乐观，但世界上许多国家的人却并非如此。自 1976 年以来，盖洛普一直在几十个国家进行问卷调查，调查他们认为明年会比今年更好还是更糟。认为明年会更好而不是更糟的人的占比排名中，美国接近榜首。在 10 年的时间里，50% 的美国人认为明年会更好（一年后，70% 的美国人认为明年会更好）。

通过研究这些清单，我们发现——与导言中提出的观点一致——富有并不是乐观的源泉。一些最乐观的国家与国家所拥有的财富和金钱有关，但一些最悲观的国家也是如此，如表 7-1 所示。

表 7-1　最乐观和最悲观的国家（国民认为明年会更好的平均比例）

10 个最乐观的国家	10 个最悲观的国家
韩国（54%）	奥地利（10%）
阿根廷（51%）	比利时（11%）
希腊（51%）	西德（17%）
美国（50%）	日本（20%）
巴西（48%）	卢森堡（20%）
澳大利亚（44%）	荷兰（21%）
乌拉圭（42%	法国（22%）
加拿大（38%）	丹麦（24%）
智利（38%）	葡萄牙（25%）
南非（35%）	芬兰（26%）

韩国是最乐观的国家，但它是一个有趣的例外。亚洲国家（如日本、新加坡）的人民比北美国家（如加拿大和美国）的人民更悲观。这是一种非常强烈的文化差异，即使是生活在美国的不同种族之间也存在这种差异，尽管他们生活在同一个国

家。即使是相当同质的群体，如大学生之间，也会存在这种差异。

为什么亚洲人比北美人更悲观呢？心理学家常常从个人主义到集体主义的维度来思考国家之间的文化差异。个人主义倾向的国家包括美国、加拿大、澳大利亚和西欧的一些国家（程度稍轻）。这些国家的价值观往往强调个人，大多数人关心的是最大化他们的个人幸福、从人群中脱颖而出、独立和自给自足，每个人都是一个整体。集体主义倾向的国家包括大多数亚洲国家，以及东欧和欧洲的地中海国家。这些国家的价值观强调集体主义，大多数人关心的是他们所属的社会群体的幸福感、与周围的群体保持一致、融入社会群体。每个人都被认为是一个更大的社会群体的组成部分。

一个个人主义盛行的社会的成员很难理解生活在集体主义社会是什么样的。在美国，我们如此社会化地认为自己是高于一切整体的，以至于我们把集体主义视为异类。在《星际迷航》（Star Trek）中，美国人对集体主义的怀疑达到了一个空前的高度，他们塑造了一群外星人，他们的大脑通过电子设备连接在一起，以怪异的协调方式推进集体事业。而在现实生活中集体主义社会并没有那么极端，但在这些社会中，人们更可能把自己定义为群体的成员（如《星际迷航》中的船员、博格人），而不是一个个体意义的整体（如皮卡德船长）。

集体主义不是怪诞的事物，它只是与个人主义不同。个人主义和集体主义文化之间的差异就像是某些奥运项目之间的差异。生活在个人主义文化中就像跑 100 米短跑；生活在集体主义文化中就像花样游泳一样。你可以通过比其他人跑得更快并让自己与其他人拉开距离从而"赢得"胜利，但你要通过与他人相处才能在集体主义中"赢得"胜利。一个比她的队友变换动作速度快的花样游泳运动员不仅不会赢，还会影响到整个团队，从而使她自己也受到牵连。

这种差异影响着个人的动机和其对未来的预测。在 100 米短跑中，准确地知道其他人会做什么并不比思考作为个人你可能会做什么重要。比赛中的不确定性不会伤害你，甚至可能会对你有帮助（例如，世界冠军由于手指上有倒刺慢了几分之一秒）。跑步者最好考虑一下即将发生的情况，不用太在意预测比赛结果的准确性，而要多想想获胜的可能性。但是，在花样游泳中，准确地知道其他人将要做什么和什么时候做是非常重要的。花样游泳运动员应该好好想想接下来会发生什么，因为准确性比个人动机更重要。

当你询问遵崇个人主义文化（像短跑运动员一样，对不确定性持宽容态度）的人对未来的看法时，你不太可能得到他们最准确的预测，你会得到一个基于"未来会更好"的可能性的预测，因为他们无须关心一些不确定因素对未来的影响。对他们来说，就像短跑运动员一样，思考他们的未来如何变得更好，以及他们如何才能脱颖而出是最有帮助的。另一方面，当你问遵崇集体主义文化的人（像花样游泳运动员一样，集体主义文化不能容忍不确定性）对未来的看法时，你会得到一个基于客观现实的预测。对他们来说，就像对花样游泳运动员一样，思考自己的未来与他人的未来是否存在冲突是非常有利的。与这一观点相一致，亚洲集体主义国家的人比美洲个人主义国家的人的预测更接近实际。除此之外，如果你生活在一个集体主义文化的社会中，变得比组成你身份的社会群体更乐观对你没有好处。[①] 这甚至可能是你无法适应该群体的信号，并且可能会对你产生负面影响。

意志和恩典：通往乐观的两条路

在美国文化中，美国黑人对生活的看法在某种程度上比美国白人的集体主义意识更强，但与韩国人一样，他们可能也比美国白人更乐观。特别有趣的是，美国黑人变得乐观起来的方式与美国白人略有不同，这可能是因为前者经历过种族主义。尽管制度化的种族歧视在美国已基本消失（美国黑人不再坐在公共汽车的后排，不再使用不同的饮用水供应管道，不再上不

---

① 这个想法（你应该与自己的文化一样乐观）表明，尽管两种文化都是集体主义的，但为什么韩国人整体上能够比日本人更加乐观。只要整体表现得乐观，个人也可以乐观。另一方面，如果整体表现得悲观，那么个人最好也变得同样悲观。尽管没有人系统地研究过这个问题，但个人主义和集体主义社会之间的一个不同之处可能是乐观主义和悲观主义的分数。例如，韩国的平均乐观度可能很高，人与人之间的差异很小，而美国的平均乐观度可能较高，人与人之间的差异却很大。

同的学校），不幸的是，日常的种族歧视仍在继续。美国黑人可能会发现自己被以微妙的种族主义方式对待：白人女性在与黑人男性擦肩而过时，前者会更坚定地攥紧自己的手袋，或者在正式聚会上，黑人客人会被误认为是服务生。然而，种族歧视经验对于乐观主义的研究最重要的价值是种族主义对人们追求目标与成就方面产生干扰。正如一组研究人员所认为的，"种族主义至少消除了努力工作、个人行动和积极成果之间的一些偶然性。"

　　这本书的大部分内容都是关于如何通过付诸行动和努力来获得乐观人生的。我们把这条路叫作"意志"。"意志"是乐观者比悲观者获得更好的生活的原因，也是不那么乐观的人获得更好的生活并且可能在这个过程中变得更乐观的一种方式。然而，当种族主义阻碍了这条道路时，种族主义的受害者必须有不同的方式来保持乐观。我把这条路叫作"恩典"。①恩典的概念是许多宗教信仰的核心。宗教的恩典意味着你将获得一个积极的未来，而无论你的个人成就如何。事实上，对许多美国黑人来说，精神信仰是克服种族主义障碍的方法。那些认为上帝已经赋予其某种使命、方向或意义的虔诚的美国黑人更加乐

---

① 你可能已经注意到，我给这条路起的名字和电视剧《威尔和格蕾丝》（*Will and Grace*）中熟悉的角色的名字相同。有一次，我开车穿过特拉华州去做一个关于乐观主义的演讲，这时收音机里播放了《威尔和格蕾丝》的一个片段。对乐观主义的偶然思考和听收音机让我们意识到，意志和恩典也是通向积极未来的两种方式：自己获得（意志）或等其他人将其授予你（恩典）。

观。美国白人的情况则不同（他们的精神信仰与他们的乐观程度关系甚微）。因为种族主义阻碍了许多少数群体的"意志"，所以他们通过"恩典"获得乐观。

然而，恩典实际上可能转化为意志。也就是说，美国黑人和其他少数群体通过恩典所获得的乐观情绪可以增强他们的意志。一项研究调查了当乐观主义者和悲观主义者面对偏见时会有何反应，在这个例子中的研究主题是性别歧视。女性被试需要阅读一篇"报纸上的文章"（实际上是实验者写的），内容是关于女性是如何被歧视的。这篇文章称，女生比男生更容易受到性别歧视，成为性别歧视言论的靶子，大学毕业后挣的钱也更少。从本质上说，这一信息表明，女性在大学里不受欢迎（从性别歧视的假设和言论中可以看出），也不受社会重视（从低工资中可以看出），而这些现象会威胁到她们的社会资源和地位资源。结果，悲观的女性读了这篇文章后自尊心受到了伤害，并感到更加抑郁。

然而，乐观的女性不会有这种反应：她们的自尊和抑郁程度与那些没有读过这篇关于偏见的文章的女性差不多。这种使她们免受歧视信息的干扰的力量来自她们的意志。在某种程度上，当这些女性认为自己能够应对性别歧视，拥有应对性别歧视的资源，并准备与之相抗衡时，她们的自尊就不会受到伤害。从本质上讲，她们相信自己可以通过努力、学习技能和其他优势来保护她们的社会资源和地位资源。

来自恩典的乐观可能会转化为克服障碍的意志，即使是那些有过被歧视的经历的人也是如此。这很重要，因为人们需要靠个人努力才能使乐观为其带来的积极作用转化为现实。回顾第 4 章，我们也会发现对婚姻的乐观态度只有在夫妻双方采取行动创造美好未来的情况下，才有助于改善婚姻。同样，当人们面对偏见时，他们可能会转向求助另一种可以为其带来乐观的方式，例如信仰，当这种乐观主义能帮助他们克服偏见带来的障碍时，他们会受益。

新兴的乐观主义者：乐观的家庭

在寻找乐观信念的文化来源时，研究人员没有强调民族文化或民族内部亚文化的影响。在大多数情况下，人们一直在这个小而独特的家庭文化中寻找乐观的源泉。在某种程度上，我们的乐观中的 1/4 是从父母那里遗传而来的，但也会受到家庭的其他方面的影响。

如果你现在是一个乐观主义者，部分原因可能是你的父母为你树立了乐观的榜样。孩子们会通过观察他人来认识世界，因此父母要避免使孩子们接触暴力的电视节目和电子游戏。孩子们也特别容易受到自己的观察对象的影响，当他们看到父母的行为得到积极回报时，他们很可能会模仿这种行为。对未来有积极信念的父母是有目标的，并且他们显然会因为孩子接受有益的想法和行为而给予孩子奖励，这些想法和行为会影响孩子并使他们接受类似的观点。

此外，与父母的关系是孩子的重要社会资源。回顾第 4 章，我们就能发现社会关系对成年人的生活有多么重要。现在想想这些关系对孩子们来说有多重要，因为他们需要大人来照顾自己。始终如一地为孩子提供最重要的资源（父母的接纳和照顾）的父母可以使孩子对自己获取资源的能力充满信心，并使他们对未来持乐观的态度。如果一个孩子发现其对父亲的爱也得到了回报，那么他更有可能对其他孩子更友好，并通过第 4 章中描述的过程在家庭内外建立社会资源。不难想象，这个孩子可能会从家庭中获得信心和积极的期望，并将其应用于社交、运动、玩游戏或学校当中。积极的亲子关系能给孩子提供最重要的早期资源，可以使孩子在建立积极预期心理方面和积累资源方面进入良性循环状态。

乐观的和悲观的大学生回忆童年方式的差异支持了上述观点。乐观主义者比悲观主义者更容易记住他们的父母是乐观的、鼓舞人心的和快乐的——也就是说视父母为乐观的榜样。他们也记得在其家庭中有较多的社会资源。在家里，他们记得自己与父母的关系是温暖的，而不是相互苛求的、敌对的或相互否定的。他们与兄弟姐妹的关系也更好。

在关于是否曾想过与兄弟姐妹互换身份的问题上，他们的回答也很有启发性。乐观的学生更有可能记得想和哥哥姐姐互换身份，而悲观的学生更有可能记得想和弟弟妹妹互换身份。

想要更像哥哥姐姐反映了对更多的自由、更多的能力、更多的机会的渴望；而想要更像弟弟妹妹反映了一种想要更少的压力、更低的期望的愿望。这种模式让人回想起乐观主义者和悲观主义者的社会比较特征：乐观主义者倾向于向上比较、寻找灵感，而悲观主义者倾向于向下比较、寻找安慰。

最近，一个由近两万名芬兰人组成的大团体的研究为乐观主义和童年时期的资源之间的关系提供了更有说服力的证据。回想起童年与父母之间维系着温暖的关系的成年人也更乐观。当其他家庭资源在儿童时期受到威胁时，父母资源的重要性尤其明显。毋庸置疑，社会资源和地位资源属于孩子所需的资源。家庭的社会完整性——幼儿的主要社会资源——会受到家庭内部冲突和父母离婚的威胁。在童年时期经历过家庭冲突和父母离婚的芬兰人成年后就不那么乐观了。同样，家庭的社会地位也受到财政问题的威胁，而那些在儿童时期经历过家庭财政问题的人在成年后也没那么乐观。假设小莉莎的父母都失业了，正在闹离婚，但小莉莎和父母的关系都很好，那么她成年后的乐观程度可能会高于卡塔琳娜，后者既没有经历过冲突，也没有遇到过经济困难，但与母亲的关系很不好。至少从童年早期到中期，亲子关系的质量对孩子来说是最重要的资源，也是塑造孩子日后成为乐观者的重要力量。

研究中的一个问题是"童年是什么样子的"，乐观的人对童年的记忆可能与悲观的人不同。因为乐观主义者更有可能关注环境中的积极方面，一个乐观的孩子可能会比一个悲观的孩子从母亲那里得到更多的温暖。因此，儿童的乐观性格既能使父母产生积极看法，也能使成年人变得乐观，幸运的是，另一组芬兰研究人员提供的证据表明，母亲在孩子 3 岁和 6 岁时对孩子的认识可以解释为什么孩子在 24 岁和 27 岁时拥有乐观情绪。更享受和孩子在一起，与孩子相处起来感觉更舒服，并且觉得自己的孩子不需要严格纪律的约束，不需要那么严格管教的母亲的孩子在成年后更乐观。在 25% 的遗传基因的基础上，温暖的母子关系为孩子增添了 5% 的乐观度。

然而，在孩子们长大成人后，似乎亲子关系对年轻人的乐观程度的影响变小了。到孩子们上大学的时候，父母的热情和赞许实际上与乐观无关。发展心理学家爱利克·埃里克森（Erik Erikson）指出："在家庭的庇护中成长的孩子没有光明的未来。"就像小羚羊或狒狒在成长过程中必然会越来越不依赖母亲或族群一样，年轻的人类也会进化成独立的成年人，并开始把资源放在核心家庭之外。很有可能的情况是，在青年时期，个体的社会资源和地位资源更有可能由同龄人而不是父母决定。随着不断成长，孩子们对自己的行为、自己的资源，以及自己的乐观情绪有了越来越多的掌控权。

你所创造的世界：自下而上的乐观

如果你认为乐观主义只是源自你的基因、你的国家、你的文化和你的父母，你就会相信乐观主义很大程度上是你无法控制的，是被强加给你的，而不是你创造的。在人格心理学中，这被认为是一个"自上而下"的理论：人格是一种无形的品质，它决定你的行为。敌对性格会影响你看待世界的方式和你的行为。例如，如果另一个司机妨碍你开车，你可能会想："你这个混蛋！好好学习一下如何开车吧！你怎么能在那里停车？"你可能会紧跟其后，或者按喇叭，或者做一些带有侮辱性的手势。另一方面，如果你拥有认真负责的性格，当你开车时，你可能会使用转向灯，遵守限速规则，并避免非法掉头。

这种人格观被称为"自上而下"型，因为人格位于最高等级，它影响着你的想法和行为。从这个角度看，你不能改变你的性格，你可以或多或少地根据你的性格行事，但你会遵崇性格为王，而行为是其"奴隶"的观点。强调基因和气质影响的人格理论家也赞同"自上而下"的人格观，因为他们认为人类与生俱来的神经系统会影响人们的思想、感觉和行为。然而，这一观点对乐观主义的影响不如对其他性格特征的影响大，因为乐观主义的基因基础不如其他性格特征的基因基础强大。尽管乐观带来的幸福感的一部分可以归因于它与气质快乐或不快乐的共同作用（外向性和神经质），但乐观明显比快乐和不快乐的气质发挥了更大影响。

在 20 世纪 60 年代，几乎所有人都采用了"自上而下"的观点来看待人们的行为。1968 年，心理学家沃尔特·米歇尔（Walter Mischel）出版了《人格与评估》（*Personality and Assessment*）一书。米歇尔认为，人格特征对人们的行为（如权力动机或神经质，这取决于你的理论取向）发挥着广泛影响的观点只不过是一种幻觉。人类普遍都会努力预测和控制他们的生存环境，所以我们充满了去弄清人格特征在哪些方面发挥着作用的动力。米歇尔认为，人格特征既存在于我们自己的行为中，也存在于他人的行为中。他提供的证据表明，虽然我们认为自己的行为符合我们的性格，但我们的行为实际上是非常多变的，它通常取决于我们所处的环境。我的一个朋友嫁给了一个我认为是沉默寡言的人。但是，据她说，她每天晚上下班回家后，他都要和她聊天聊到很晚。米歇尔认为，仅仅将他的性格描述为沉默寡言或健谈的想法是荒谬的，这样的想法只源于这样一个事实：当被问及性格特征时，被试和研究人员都倾向于认为个体拥有单一的性格特征。

你可以猜猜本书在人格心理学家中会引起多大的轰动。我曾向一位颇有成就的人格心理学家提到，我在人格与评估的一门课中讲授了一些关于人格的研究生课程，你会发现，这个原本温和的人表现得有些失态（他很愤怒）。在米歇尔的书出版时，他刚从研究生院毕业，他仍然指责米歇尔在他刚开始想深入研究人格心理学的时候"实际上扼杀了人格心理学"。

不过，米歇尔的论点并没有真的扼杀人格心理学，反而激发了我们对人格心理学的质疑和重新思考，从而改变了我们看待人格的方式。其中一个反驳源于我们所说的可靠性定律，它与平均定律相似。可靠性定律指，如果你想发现一种人格和行为相关的潜在的模式，你不能基于单个实例进行概括，你必须积累大量不同的实例，然后分析出具体状况。你要问一个人多少次她感觉如何，你才知道你面对的是一个快乐的人还是一个不快乐的人。一位名叫西摩·爱普斯坦（Seymour Epstein）的心理学家开始使用可靠性定律来证明米歇尔是错的——行为中存在一致性。他发现，如果只询问人们几天内的状况，他就并没有很好的证据表明他们是快乐的人还是不快乐的人。小样本会使你在本不该不开心的日子里偶然发现某人开心的可能性（反之亦然），这让这些样本看起来不可靠。然而，如果将天数延长到 10 天，你就会发现人们可以被可靠地描述为是快乐的人还是不快乐的人。

情感并不是提供人格证据的唯一特征，人们的行为方式也很可靠。一旦你用 10 天的时间去观察，你就会发现人们在与他人交往、解决问题、放松或做白日梦的程度上存在明显的差异。有些人是问题解决者，而有些人不是；有些人是空想家，而有些人则不是。同样，这些人也没有通过问卷来识别［如白日梦风格问卷或基因分型（以查证是否存在白日梦基因）］自己是什么类型的人；他们被自己的行为模式所定义。

这种更民主的人格定义被称为"自下而上"。这种观点认为，定义个性的力量在于行为，就像民主政府的力量在于选民一样。个人行为就像某个选民一样，两者结合起来将决定谁会成为领袖。从这个角度看，你的行为就是你的个性。事实上，你每天做什么，甚至一个小时内做什么，决定了你是什么样的人。改变投票的模式，领导人就会改变。如果你把如何度过每一天看作对个性特征的"投票"，并由此对每一个决定非常审慎，你的性格也会随之发生改变。甚至一些传统上被认为是自上而下的影响也可以在这个更民主的框架中被重新定义。例如，文化也许能定义不同行为的可接受性或后果，从而形成一种行为模式，即人格。想象一下，你生来就有感情外露的倾向，但你出生在一个重视克制情感的文化中。结果，你学会了在日常生活中只表达很少的情感。从一个自下而上的角度来看，你是一个克制情感的人，因为这是你一直以来遵循的行为方式。你可以想象相反的情景，一个克制情感的人在日常生活中学会了表达更多，以迎合社会文化，从下而上地成为一个善于表达情感的人。

同样的原则也适用于乐观的信念和行为。在第 6 章中，我注意到即使是非常乐观的人也会对一个特定的目标有悲观的预期，就像一个快乐的人也会有不快乐的一天一样。因此，如果你只关注一个特定的目标，例如在一个特定的班级里取得好成绩，性格乐观主义似乎并没有太大的影响。但是，如果你关注更多的目标，你就会发现性格乐观主义与特定目标的信念密切相关。问题是，是性格乐观主义导致人们对特定目标的乐观（自上而下），还是乐观信念的集合塑造了乐观性格（自下而上）？

就我个人而言，我更喜欢自下而上的视角，因为它比自上而下的视角更好地反映了乐观的缘起。如果性格乐观主义有任何实际意义，它就必须影响人们在现实生活中的行为，而人们对各种目标的总体信念不能直接转化为具体的行为。当人们追求目标时，他们不是在通过追求某种目标的方式去达到某种信念，而是在为追求他们对之怀有信念的目标。我们可以将乐观视为人们对各种目标的总体信念的集中体现。因此，乐观对个体在追求目标过程中发挥着重要作用。更重要的是，乐观性格的主要组成部分不是与生俱来的，而是通过后天"教养"或经验逐渐形成的。乐观的经验也不是一种总体的经验，也就是说，它并非指某个人的"成功"或"失败"，而是个体所经历的众多事件的集合。你也许没有取得过很大成功，但你在具体目标上一定取得过不错的成果，例如取得好成绩、找到一份好工作、做自己想做的事、完成工作任务、与人交往、与朋友保持密切关系、组建团队、赢得比赛、发表演讲，你的目标似乎无穷无尽。

当我让人们填写一份他们是否相信发生在他们身上的好事比坏事多的乐观问卷时，我是在观察他们对未来的预期。尽管有人怀疑被试是否能提供准确的答案，但他们似乎在这件事上做得很好。例如，我们的本科生被试对性格乐观主义问卷的回答准确地反映了他们对个人目标的总体态度。如果你把过程颠倒过来，如果我问他们对个人目标的态度，再请他们基于此总结出自己的性格乐观程度，这不是很荒诞吗？当谈到乐观主义时，自下而上显然是一个更明智的定义。

如果我把你带进实验室 10 次，给你分配一些困难的任务，你对这些任务的坚持不懈会使我们如何判定你的性格呢？若按通常的判定方式，你可能被贴上有责任心的标签，但从真正的自下而上的角度来看，你就会被确定为"百折不挠"的性格。你也可以被定义为乐观的人吗？这个问题比较难以判定。因为乐观的标签适用于信念而不是行为，所以用"乐观"这个词来指代你的坚持不懈的行为可能不太合适。另一方面，这种推断似乎是并不准确的，因为乐观与坚持是如此紧密地联系在一起，而且一个真正悲观的人是不太可能具有坚持不懈的品质的。你的性格甚至可能与你的幸福程度无关，不管你是被认为是谨慎的、坚持的，还是乐观的，因为它们只能代表你的一种行为模式，但它们却是能为你带来好处的行为模式。

自下而上的人格观让我们有理由相信，即使你没有达到最乐观的状态，你也可以从乐观中获益，也就是说你不必天生乐观才能活得乐观。本书的主题是，乐观者之所以快乐和健康，不是因为他们的身份，而是因为他们的行为方式。乐观主义者有一个优势，即他们的性格会让他们自然而然地去做乐观的事情，但是如果你知道什么样的行为方式是乐观的，你就不需要成为一个乐观主义者也能享受乐观带来的益处。你可以保持做原来的自己而无须改变自己的性格，只是做一个乐观行事的自己。

乐观的发电机

为了弄清乐观主义的本质，也就是乐观主义者的日常行为和经历，让我们回顾第 2 章的自我调节循环。回想一下，这是一个负反馈循环，在这个循环中，你的当前状态和目标状态之间的差异由于你为接近目标而采取的行动而被消除。但是，我将在图 7-1 介绍一个更复杂的自我调节循环模式，它与第 2 章的循环模式相比发生了几点变化。首先，图中出现了一个"成功"模块，当目前状态和目标状态相同时，它就会被激活。其次是行动模块。在简单的循环中，行动是我们对当前状态和目标状态之间的差异做出的自发式应激反应。在当前循环中，你可以选择采取行动减小差异，也可以选择放弃，但后者意味着你没有达到目标。这是自我调节的重要组成部分，没有它，你就会疯狂地挣扎着试图缩小你的现状和你的目标之间的每一个差距。在通常情况下，我们一次会根据当前目标的优先级选择完成一个目标。这就引出了第三个变化，它是一个包含一些决定你是否选择采取行动的因素的模块。这些问题包括目标是否具有高度优先性，以及我们是否有在实现目标时可用的资源。

简单概述这个问题就是，我们是否有足够的时间和精力来采取行动？如果是在一天快结束的时候，你还没有练习钢琴，你可以试着采取行动，但你可能会在琴键上睡着。这么晚练琴不是一个好主意，因为你可能睡不好而且肯定也无法好好练习，你还可能会流口水。总之，这对你的自我调节循环并不好。

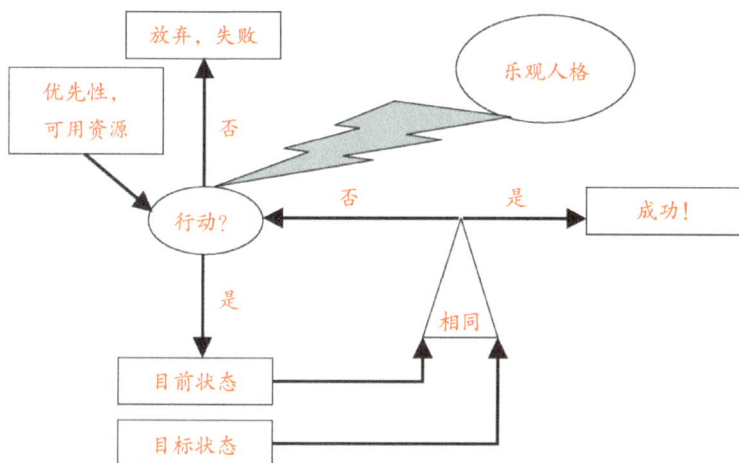

图 7-1　一个自我调节的循环（包括一个行动选项和乐观发电机）

第四个变化当然是乐观情绪的增加及其效果。正如我们一再看到的：乐观主义的主要作用之一是激励个体付诸具体行动，进而帮助个体实现目标。正是由于乐观情绪在此工作模式中出现，人们才能选择自己的行为方式，因为我们可以认为乐观主义影响了人们的日常行为。因此，当我们开始在日常生活中寻找乐观的性格时，我们寻找的是不断采取行动实现目标的个体。如果你用一种自下而上的人格行为理论来看待这个过程，你会说积极的本质——乐观的动力——就是行动。

当然，这又把我们带回到前文中关于乐观的定义问题，在这个问题中，我们将坚持不懈的行动方式称为"坚持"，但坚持不懈的行为不需要一个新的名称（乐观）来表示"对未来的积极预期"。为了验证这个问题，让我们在模型中增添更多的模块，让我们加上对成功或失败所导致的后果或后果的积极的预期或消极的预期，如图 7-2 所示。这么做有两个作用：它让我们能用自上而下的人格—行为关系理论去研究这一工作模式，使这一由乐观引发的心理自律过程成了完全闭合的往复式循环过程。

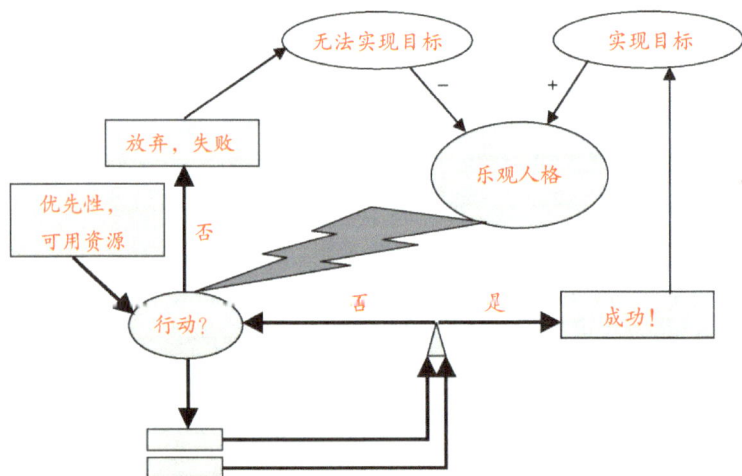

图 7-2　通过增添具体的预期来关闭乐观循环

238

如果这种循环没有闭合，乐观主义就会呈现出一种自上而下的特质，因为它是自上而下地施加影响的。随着这个循环的闭合，乐观变成了个体完成各种不同任务时形成的心理状态的集合，而这些信念反过来又受到你选择采取或不采取行动的结果的影响。乐观主义是贯穿整个系统的，尽管"乐观主义"这个标签被认为与心理状态有关，但乐观与整个系统不是相互独立存在的，否则就失去了研究意义。想象一下，你去掉了行动的循环，从乐观直接指向失败或成功，乐观主义体系已经消失了一半，但这就是许多人对乐观主义的看法。它就像一辆有结实车架、有崭新的轮胎、发光的漆皮、真皮内饰但没有发动机的车一样。你可能仍然会将它叫作一辆"汽车"，因为它看起来像车，但它肯定无法像汽车一样工作。

不像最初的自我调节循环是一个负反馈循环，新的、扩展的心理自律循环包括行动、成功、目标信念，并与乐观形成了一个正反馈循环。你采取的行动越多，你成功的可能性就越大，你就会越相信自己能成功实现这些目标，你也会越乐观，这会让你采取更多的行动。虽然图中没有显示，但是成功也将帮助我们构建资源，这也可以为我们采取行动提供更多的燃料。这表明随着时间的推移，这一循环将促成一个良性循环的形成。

我对一些 10 年前参与我的实验的被试进行跟踪调查后，得到了能说明乐观会随着时间的流逝而变化的确切数据。在第 1 章中，我说过性格乐观是非常稳定的，因为大约 2/3 的人的乐观程度在 10 年的时间内只改变了 10% 或更少。但是，我们能从那些变化超过 10% 的人身上，以及一个完全从悲观主义者变成了乐观主义者的人身上学到什么呢?

首先，随着时间的推移，样本整体的平均乐观水平有所提升。这只是一个渐进且缓慢的增长趋势，10 年只增长了 5%，但是这个群体的平均水平确实在朝着更乐观的方向变化。如果大多数人都是乐观的，乐观是一个积极的反馈循环，你就会认为一个普遍乐观的群体会一年比一年乐观。另一种看待这种变化的方法是比较乐观者和悲观者的人数，乐观者中有所改变的只有 10%，而有所改变的悲观者的人数是乐观者的 3 倍。

其次，观察乐观水平提升最多的人在 10 年后的资源状况将会如何也很有趣。如果图 7-2 所示的模式是正确的，那么资源应该与乐观水平同步增加，因为两者都来源于自我调节循环。其中一位律师的乐观情绪在过去 10 年里提升了不少，这就是一个很好的例子。在社交资源和活动方面，她拥有广泛的社交网络和活动，包括同事、家人、朋友、教堂、志愿者和俱乐部，她认为自己对人际关系的满意度最高。在地位资源方面，她在法律界有很好的声望，同时她还做了另外两份创业工作。在法学院学生群体中，她唯一处于该组下半游的领域是收入。她挣的钱还不到收入最高的律师的一半。另一方面，她每周工作 40 个小时，这也少于这一组的平均水平，毫无疑问，她显然在利用剩下的时间来建立除了金钱之外的其他种类的资源。

这一经历在已婚的工作妈妈身上也有所体现，她们的乐观水平也是较有代表性的。与许多法律系学生所享受的螺旋式上升形成对比的是，在这些女性中，社会和地位资源的流失或威胁导致她们在随后的一年里乐观水平降低。特别是当对成年人最重要的关系——夫妻关系——出现问题时，随着时间的推移，女性的乐观水平会骤降，她在工作过程中也会出现问题。乐观和资源的循环还在继续。

当你寻找能说明你自己的性格的证据时，你只需要看看你的日常生活。你的情绪、思想、目标和行为是动态的，会随着时间的推移而改变，但随着时间的推移，你的各种情绪、思想、目标和行为会呈现出你自己的特征。乐观是指思想，它包括倾向于使我们充满对未来的积极的想法，持久地坚持实现目标和做出目标导向的行为，以及体验到更多的积极情绪和保持心理健康。此外，由于本系统是一个正反馈循环，获得动力的一种方法或其他方法能使人从乐观变得悲观（如果他们出于某种原因停止追求他们的目标和构建他们的资源）或者使悲观的人变得乐观（如果他们开始追求他们的目标和构建他们的资源）。这不是一个简单的循环，因为在一个正反馈的循环中，若想改变悲观的本质往往需要我们逆流而上。另一方面，逆流而上也是有可能的，在这种情况下，你游得越远，水流的方向就会改变得越多，我的性格也就会产生越大的变化。

BREAKING
MURPHY'S LAW

第 8 章

保持乐观：
乐观主义者与悲观主义者相互转变的可能性

最近，我因为胫骨骨折做了修复手术，而此时我恰巧阅读了一些腿受伤的人在其博客上写的网络日志。我被这个网站上许多博主把自己在康复过程中挣扎的经历放到博客上的行为所震惊。不出所料，他们中的许多人对摔断腿后的恢复缺乏信心或者极度悲观。许多日志详细描述了他们在受伤后是如何快速衰老的（例如"我的医生告诉我，在事故发生之前，我有 40 岁的膝盖，现在我有 60 岁的膝盖"），或者他们花多长时间才能够正常开车、走路，等等。

现在，像这样的网站不太可能吸引那些只做了小手术而在康复中拥有乐观态度的人，因为这些人不太可能将其受伤的经历写在博客上，而是更可能继续他们的生活。乐观的人不会反复思考可能发生的事情，他们会通过付出行动创造可能的结果。我很惊讶地发现，他们雄心勃勃地想在出车祸几个月后重新开车。以我为例，事故发生后，我做的第一件事——事实上，是在我第一次接受外科手术时——就是完成申请残疾人免费停车许可证，因为我期待着能再次四处走动，希望能尽快开车。[①] 手术后一个多星期，我还没有完全准备好自己开车，但我按时为接受物理治疗而提前做练习，这样我就能有足够的灵活性，让自己尽快掌控方向盘。

那些在博客上发文的摔断腿的悲观者是否给自己造成了伤害？如果他们更少地关注康复过程中的障碍，他们会康复得更快吗？我觉得他们会的。此外，我有理由相信，如果他们不在日志中写下自己的悲观想法，而换一个角度思考自己的遭遇，他们实际上可以开始扭转消极的心态，而且他们中最悲观的人也可能因此受益。

乐观主义可以依据从下往上的分析法被定义为一系列的想法（对未来的积极期望）和行为（坚持、为实现目标而努力等）。乐观的结果来自于这些个人的想法和行为：当人们对自己的未来有积极的预期时，他们更有可能去实现这些未来的目标；他们更有可能感到快乐，因为他们正在取得进步；他们对自己和自己的生活更满意，因为他们正在建设资源。从长远来看，他们甚至可能更健康。我想提醒大家，乐观的本质是什么和它的作用是什么，因为你能否变得更乐观、更幸福、更健康，等等，取决于你认为以下哪种说法更正确：

1. 乐观和快乐主要来自于基因遗传，尽管豹子可以染发，

[①] 我"幸运"地只摔断了左腿，所以我用自己的手动挡汽车换了丈夫的自动挡汽车，现在我的四肢都很健康。

但它永远无法消除身上的斑点；

2. 乐观和快乐源自你每天的决定。

如果悲观只是一种你可以改变的习惯呢？

仅仅因为你想要改变，就能成功改变你的想法、行为和情绪并不那么容易。你可以问问那些想通过多锻炼、改善饮食或者戒烟来保持身体健康的人。人们通常会在改变发生之前做几次尝试。帮助人们改变行为的治疗师们知道，这不仅仅是意志力的问题，尽管下定决心做出改变肯定会有所帮助。[①]幸运的是，心理学家已经开发出了帮助人们作出困难改变的技术，事实证明，这些方法也可以用来改变悲观的想法和行为。然而，我并不是建议你改变你的本性来享受乐观的好处。这就像教一只猪唱歌一样，结果就是让你失望，让猪沮丧。尽管如此，有证据表明你可以培养一种更乐观的态度，如果你的"天性"真的只是你的习惯性态度，改变你的习惯实际上可以改变你的天性。

乐观思考的习惯

理查德参与了一项考察人们是否可以变得更乐观的想法的

---

① 换一个悲观的"灯泡"需要多少心理学家？只用一个，但前提是"灯泡"真的愿意被换。

研究，因为他一直感到焦虑和担心。在离退休还有 10 年的时候，他已经预料到，这将是对他的个人状态和经济状况来说都很艰难的转变。当然，对威胁的关注和防御性的悲观主义对人是有帮助的，但只有当人们开始付诸行动时才会起作用。反常的是，虽然他的悲观主义并没有激励他为退休做任何事情，但他觉得自己的忧虑和沉思将会帮助他，他对更乐观的想法保持警惕，并声称这种想法会使其产生危险的自满和虚幻的希望。

理查德对幻想保持警惕是正确的。幸运的是，他参与的研究是出于提供能使他们变得更乐观的方法，而不是让他们沉溺于幻想。事实上，他被鼓励不要胡思乱想。研究表明，幻想对动机和行动的影响与乐观主义相反。幻想鼓励人们沉沦在虚无的梦想之中，而乐观鼓励人们为实现梦想而付出行动。乐观代表人们在比较现状与未来的差异后采取的行动：一个乐观的查理·布朗（Charlie Brown）可能会想到他还没有向那个红头发的小女孩介绍自己，他想要见她，并开始预测约会成功的概率。但是，幻想会让我们沉浸在一个令人愉快但完全虚幻的未来世界中，在其中，我们无法对真实存在的事物和可能存在的事物进行对比。如果你没有意识到这种差异，你就没有动力去缩小二者之间的差距。因此，当人们仅仅想象自己已经拥有了他们想要的东西时，他们往往会放弃真正想要得到的东西。如果查理·布朗想和那个可爱的红发小女孩约会，但仅仅是坐在那里想象牵着她的手会是什么样子，或者策划他们的婚礼，并不会让他与那个小女孩的关系有任何进展。

诸如"如果我的期望太高，我只会感到更失望""我会忽视一些事情，然后失败"或"如果我预期得太乐观，我就不会努力工作"这样的信念也不会对你有多大帮助。这些信念显然是不正确的，乐观者不会失望，他们对潜在的问题会给予足够的关注，他们比悲观者更努力地工作——而且他们明显地抑制了更乐观的想法。理查德的治疗师提出了另一种关于乐观主义的想法，因为直到理查德放弃抑制乐观主义的信念的时候，他才有可能真正开始设想一个更积极的未来。最终，理查德承认"一厢情愿的想法并不都是不可取的。"当然，这是一种模糊的想法，但它反映了理查德心理状态的真正变化：研究结束时，理查德和其他乐观的培训生比没有参加过该项目的人有了更积极的想法，他们觉得自己有能力解决问题，并会为真正解决问题想出更有创意的解决方案。

除了消除抑制乐观主义的信念和学会更积极地预期未来之外，良好的乐观训练还强调自发性关注。我们在第6章中讨论的斯特鲁普实验中，乐观者比悲观者更关注环境的积极方面。虽然"自发性"似乎意味着"无法控制"，但自发性仅仅是行动的一种反应机制。你可以在不考虑手指应摆放在什么位置的情况下弹钢琴，也可以在不考虑肘部动作的情况下击球，前提是经过反复有意识的练习之后。如果你有一个坏习惯，例如咬指甲，治疗方法是有意识地用一个更好的习惯（甚至握紧拳头也可以）替换它，直到你自动地克服这个坏习惯为止。当像理查德这样的人忧虑和沉思时，他实际上是在练习思考未来的消极的一面，而忽视了积极的一面。结果，理查德习得了乐观者所应具备的性格。为了在悲观的人身上消除这个习惯，乐观训练指导人们有意识地关注积极的方面，就像咬指甲的人可能会有意识地握紧拳头而不是咬指甲一样。

把注意力集中在积极方面的一个简单方法就是把每天发生的三件好事记录下来。我可以肯定地说，每个人每天都会经历至少三件正面的事——即使它们只是小事。然而，并不是每个人都关注它们。不幸的是，那些没有发现生活中鼓舞人心的事物的人，也无从发现他们的进步和资源。一个乐观的实习生列出了三件积极的事情：看到漂亮的花，被人告知他做得很好，晚上睡了个好觉。这些都是美好的环境、职场上的进步和精神焕发的标志，这些都是可以带来更高的生活满意度的资源。每天注意这些迹象可以帮助人们意识到他们有比自己意识到的更多的资源，并使他们对生活产生与以往全然不同的感觉。

事实上，这种注意周围事物方式的变化是引起幸福水平长期变化的因素之一，它可能会让一个人摆脱享乐适应症并避免心理免疫系统和其他让人回到最初的状态。6个月后，一项大型研究比较了几种不同的为期一周的练习对人们的幸福感的影响。这些练习包括回想过去你最辉煌的时候，包括衡量你的个人品质，以新的方式利用它们，例如向你从未真正感谢过的人表达感激，或者写下每天发生的三件好事。所有这些练习都让人们感到更快乐，但大部分快乐会随着时间的流逝而消散。然而，"三件好事"的练习实际上会随着时间的推移而增强人们的幸福感，所以做了那个练习的人在 6 个月的时间里会变得越来越快乐。为什么？第一，做过这种练习的人更有可能在一周结束后继续坚持这么做。第二，当他们这么做的时候，他们的状态可能会越来越好。也就是说，随着时间的推移，他们会变得更加乐观。第三，注意到积极的一面可能有助于激活第 7 章中介绍的心理循环，引发一个行动和乐观者之间的良性循环。这是一个简单的练习，但却具有复杂、积极和持久的效果。

屹耳的乐观

对于真正的悲观主义者（甚至是顽固的怀疑论者）来说，将思维习惯由悲观转变为乐观可能不像理查德那样简单。在有一定基础的条件上建立乐观主义总是比从零开始更容易，所以乐观主义训练对那些已经有些乐观倾向的人来说可能是最有效的，他们只需扩大或最大化这种乐观主义即可，而对那些不认为乐观主义与自己相关的人来说就没那么有效了。我有几名学生让我印象深刻，他们致力于改变自己的处世方式并变得更积极和乐观，为此他们真的很努力。然而，很遗憾，我不认为这能起到多少作用，因为他们由此构建的积极形象似乎很容易被识破。其中一名学生在遇到障碍或困难时，甚至想要从研究生院退学，这种情况在研究生中并不少见，几乎每年都有。他们在无形当中放弃了对某个目标的追求，也许是某个项目或某段关系，所以他们很难在人生当中取得成功。

或许问题的一部分原因在于，乐观并不足以让整个人的乐观系统运转起来。研究人员要求人们通过写日记来记录他们生活中重要的事物，这个研究能帮助我们了解那几个学生的问题的关键。很多人认为写日记是表达自己内心最深处想法和感受的方式，有趣的是，有证据表明，当人们写下自己内心最深处的想法和感受时，会产生很多积极的结果：更健康、更强大的免疫功能、更好的心情，等等。但并不是所有人都会通过表达自己最深处的思想和感受来提升自我，然而，当人们内心最深处的思想和感受是悲观的时候，情感表达可能并不是一种好方法，悲观主义者可能会陷入沉思和沮丧中，而不是积极地看待自己的想法和感受。悲观者可能会沉湎于他们所经历的危机和对未来的可怕预测中，而不是庆祝体重的恢复或庆幸从摔断腿^①中吸取的教训。因此，记日记的典型功能（表达内心深入感受）似乎对悲观主义者并不奏效，但幸运的是，他们不必用记日记来探索已经拥有的思想和感受，他们可以通过写日记来培养新的思维习惯。

例如，通过写日记来重新关注未来的积极的一面，这在某种程度上相当于"每天注意到三件好事"，因为它让你养成了

---

① 我非常感谢那些有能力、有责任心的学生和我那厨艺精湛的丈夫。在遇到突如其来的窘境时，有他们陪伴，我感到很欣慰。

积极地思考未来的习惯。例如，一项研究要求感染艾滋病病毒的妇女写一些患病日志，并请她们将注意力集中在未来她们只需要运用简单的治疗方法上——每天吃一片药——这将是对目前复杂的治疗方案的升级。虽然在降低死亡率方面非常有效，但目前可用的药物治疗方案包括严格定时服用大量药片，有的药物需要患者空腹，有的药物需要患者饱腹，这绝对不是一件令人愉快的方法。每天只服用一片药的治疗方案将显著减轻艾滋病毒感染者的医疗负担。关注这种可能性的悲观女性在写日志的四周内变得更加乐观了。

你也可以通过写日记来更好地进行自我调节，也就是说，首先要意识到你的目标，然后依据你的目标采取行动并探索克服障碍的方法。这种在大脑中重复思考自己的目标和实现它的方法称作"心理模拟"。我们用心理模拟代替幻想能激活自我调节循环，并增加我们实现目标的概率。这种写日记的方式对那些不是很乐观的人特别有帮助，但是他们自己不会这样做，因为如果他们专注于表达自己的消极想法和感受，他们可能会陷入困境。另一项研究要求大学新生做三件事情：（1）写下他们内心深处的想法和感受（表达人物）；（2）写下他们在大学里遇到的问题和挑战，以及他们可以如何应对（自我调节）；（3）写一些大学生活中琐碎的小事（实验控制）。结果表明，自我调节任务拥有最令人受益的效果。所有乐观程度不同的人如果进行自我调节式的写作，而不是表达自己的情绪或描述琐事，他们都会感觉更好。乐观者的健康得益于自我调节和自我表达，而悲观者的健康只得益于自我调节而非自我表达。表达自己观点的悲观主义者和关注琐碎话题的悲观主义者去看医生的次数一样多。

与这些日记有关的研究中最有趣的一点是，这些改善方法对那些最悲观的人最有效。在某种程度上，这并不奇怪。毕竟，你不会指望一个已经相当乐观的人的乐观程度得到多少提升。然而，在另一个层面上，这是令人鼓舞的。有时候，在身体健康的基础上进行锻炼比弥补身体缺陷要容易得多——对于一个身体已经相当健康的人来说，执行一个新的锻炼计划要比一个整天坐着不动的人容易得多。然而，在增加积极的预期和自我调节方面，我们似乎完全可以从头开始。通过写下他们的目标、抱负和实现目标的计划，悲观的博主可能会为自己的康复克服重重困难，并重新站立起来。

改变你的生活，你的思维就会随之改变

真正顽固的悲观主义者可能仍然会对改变自己的思维的可能性持怀疑态度。事实上，一个如此悲观的人很可能会对思维改变的可能性感到悲观。幸运的是，你不必总是相信变化会发生。我看过一本名为《改变你的思想，你的生活就会随之改

变》（*Change Your thoughts and Your Life Will Follow*）的书。但你有没有反过来思考过这件事？你能先改变你的生活方式，并让你的思维方式——也就是乐观主义——随之改变吗？

治疗恐惧症的治疗师总是能很好地利用这一规律。那些花了很多时间和精力谈论他们的恐惧症却没有看到任何改善的人可能会特别悲观，因为他们认为自己是不可治愈的。我在临床实习期曾治疗过一个名叫杰克的恐惧症患者，他对听到警报声有一种不寻常的恐惧。他在位于一条繁忙街道附近的自己家里办公，因此他每天都会听到好几次警报声。与那些害怕狗、蜘蛛或恐高的人不同，他不害怕那些东西，他也不相信警报声会伤害自己，但他觉得自己受到了噪声的攻击。警报声越是让他有这种感觉，他就越会被接下来的警报声弄得心烦意乱，这就使他越来越躁动。他采取了一些措施来消除噪声，例如，给他的家庭办公室隔音，但这只会减弱噪声，而未能被彻底消除的噪声让他感觉更加失控。当他来找我之前，他已经去看了好几位治疗师，在他的家庭医生的坚持下，他才来到我们的诊所。由于他之前的经历，杰克对我能真正帮助他感到很悲观。

对我和杰克来说幸运的是，我不需要他改变其对警报声的想法或感觉。我只要求他改变他的行动方式，而不是试图回避警报声，我嘱咐他试着听到尽可能多的和大声的警报声，甚至试着去给女儿买会发出警报声的玩具救护车。也就是说，他现在应该接近而不是躲避警报声。

你的思想、行为和情绪是相互关联的。图 8-1 表明杰克的想法、感受和行为是会相互影响的。当杰克想到警报声是如何让人无法忍受和无法控制时，他自然会感到焦虑和烦躁。反过来，他的焦虑和易怒的情绪状态使他的思想和行为反常。回顾第2章，情绪有信号警示作用，恐惧、愤怒、焦虑和易怒都是威胁的信号。因此，我们的思想和注意力自然会集中在环境中的潜在威胁上。如果任其自生自灭，我们的思想和情感自然会陷入恶性循环，就像他们对杰克所做的那样。

现在回想一下，杰克也采取了行动来减少警报器对他的环境的影响，他在办公室里安装了隔音装置，并确保在屋子里没有会发出警报声的玩具。这并不是有关焦虑的一个令人惊讶的结果——毕竟，害怕剑齿虎的意义并不是诱使你去抚摸它（因为你极有可能会在这一过程中死去）。然而，不幸的是，由焦虑引发的行为往往会带来可怕的后果。例如，那些在亲密关系中缺乏安全感的人通常会通过频繁地询问对方是否爱自己来安慰自己、巩固感情。然而，这可能会让人感觉很唠叨或烦躁，这种行为实际上可能会让伴侣离开。当伴侣想离开时，不安全感驱使的行为会愈演愈烈，此时亲密关系会进入一个恶性循环。另一个例子是紧张的演讲者，她非常努力地让自己看起来很放松，以至于显得有些做作。在这两种情况下，旨在缓解紧张的行为实际上都引发了新问题。

不幸的是，杰克为了控制他的焦虑而采取的行为——回避警报器——实际上消除了那些能够改变他的焦虑想法和减轻痛苦情绪的机制。让他去接触那些让他焦虑的事物（如果处理得当）可能是一种非常有效的治疗方法。为什么呢？具体如图 8-1 所示。

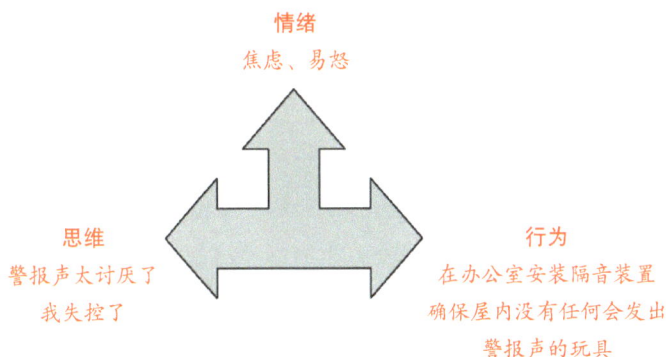

情绪
焦虑、易怒

思维
警报声太讨厌了
我失控了

行为
在办公室安装隔音装置
确保屋内没有任何会发出
警报声的玩具

图 8-1　思维、情绪和行为是相互关联的

　　在一个最基本的层面上，我们可以把这种方法视为有效的方法，因为它消除了有问题的行为。恐惧症意味着患者通常会习惯于逃避令其害怕的事物，进而干扰其正常生活。如果你可以停止逃避，你就可以减轻这些事物对自己的伤害，例如一个有社交恐惧症的人现在在派对上和别人说话，一个有广场恐惧症的人现在去杂货店。这是精神病理学对自下而上的行为－心理模式的定义：你的行为是你的问题的关键。

　　然而，尝试接触我们惧怕的事物比改变行为带来的好处更多，因为情绪和思维与行为有关。人们接触越多自己所害怕的情况，他们就越会意识到其恐惧的后果不太可能发生，即使发生了，也不会像他们担心的那样如同灾难。由此，他们将变得不那么焦虑和害怕。当个体的思维和情绪变得不太可能引发焦虑时，让个体暴露在从前惧怕的情况下就会变得更容易，进而导致更大的思维方式和情绪状态的变化：一个能克服恐惧情绪的心理良性循环逐渐形成。

从本质上说，当使用暴露疗法时，治疗师是在把患者送到令其恐惧的环境中去收集数据。如果警报器整天响，你真会发疯吗？作为一名治疗师，我最喜欢的一次经历是与英国心理学家、焦虑症治疗专家保罗·萨尔科夫斯基（Paul Salkovskis）一起参加的一个研讨会。在研讨会上，我们观看了一段萨尔科夫斯基收集数据的视频，该视频假设一名患有焦虑症的患者认为自己的任何有些反常的行为（例如惊恐发作）都会导致人们围成一团嘲笑或对自己指指点点。萨尔科夫斯基带着他的患者去商场，患者在萨尔科夫斯基模仿蒙蒂·派森（Monty Pythonesque）的步伐傻傻地穿过购物中心的时候观察路人的反映。到底会有多少人会围成一团、嘲笑或指指点点呢？

试图通过改变你的行为来改变你的思维方式有两个好处。首先，行为比思维和情绪更容易改变。众所周知，情绪很难通过意志力来改变。事实上，如果情绪有信号警示作用，那么我们的情绪就无法通过意志力而发生改变，否则这就会成为心理自律循环中的一个设计缺陷。如果你因此而错过了一只剑齿虎离你脖子大约几厘米的事实，那么用你的意志力防止头顶的毛发竖起又有什么用呢？回顾第 2 章中的人与恒温器之间的类比，随意改变情绪就像能够改变恒温器上显示的室温而不改变房间内的温度一样。这将是相当愚蠢的，因为你不仅会仍然感到非常热（或非常冷），而且你实际上会放弃采取任何行动，因为恒温器上的数字仿佛在提示你一切都很好。

如果你的治疗师告诉你"别担心，要快乐点"，那就去找一个新的治疗师（如果只是因为本书前言第一点中提到的原因，那么想要变得更快乐很可能会适得其反）。你需要找一个人来教你如何改变你的行为以避免陷入恶性循环。不要担心情绪，它会随着你的行动方式有所改变的。

其次，当你以改变行为为目标时，你不必关注思维和情绪。关注自己的思维方式和情绪也许有一定帮助，但这不是必要条件。几周后，杰克对警报器的态度改变了。通过暴露疗法，杰克发现仅仅是听警报声并不是不可忍受的，他渐渐发现无论周围有多少噪声，他都能忍受。他觉得自己掌控局面的能力和应对问题的能力都增强了，焦虑也减轻了。杰克通过控制住自己的部分行为，让思维和情绪参与进来，从而打破了之前的恶性循环。

行为的改变可能也是享受乐观主义带来的好处的最佳途径，因为它不需要人们采纳其难以认同的想法。此外，第 7 章中的循环模式表明，通向乐观的最真实的途径就是像一个乐天派一样行事，直到积极的反馈循环开始出现为止，并开始自下而上地变得更乐观。也就是说，如果你真想成为乐观者，你可以"假装自己很乐观直到你成功为止"。人们可以通过表现得更乐观来学习变得更乐观。这意味着更加专注和坚持追求目标。接下来，考虑一下你的目标是什么？什么对你来说是重要的？

列一个清单，把你的目标都写下来，或者写一篇关于你希望自己和自己的生活在几个月或几年后是什么样子的日记。每隔一段时间，看看它。在自我调节研究中，学生们只写过 3 次日记。在每次只有 5 分钟的时间里，他们列出了 3 件可以做的事情，这 3 件事情可以帮助他们处理自己面临的问题和挑战。然而，这 5 分钟对他们的幸福和健康至关重要。只要他们写的内容是关于重要目标的简短提醒，以及如何实现目标的简短计划就会对他们产生很大的影响。你也可以拿一块小黑板，甚至一张便利贴，写下你可以做的、能够帮助你实现重要目标的 3 件事。下周，评估它们是否有效，然后思考是应该继续坚持下去还是应该修改或替换其中的目标。这可能是你需要写的"日记"。

当你想要放弃的时候，乐观的行事原则还会使你再尝试一次（或更多次），因为乐观主义者会这样做。做好准备，你可能会比你预期的更成功。当然，你也要有心理准备，因为即使你坚持下去，也可能不会成功。把这些看作学习的机会，因为即使坚持没有得到回报，你也能累积一些经验。下次你一定会更明智。坚持足够长的时间，你就会走上乐观行事的道路。

挖掘你的内在动力

正如第 2 章中詹妮弗和玛丽的目标一样，乐观主义者和悲观主义者的目标没有很大差别。尽管如此，如果我没有提到你所拥有的目标的影响和它们的来源，那就是我的失职了，因为这两者对目标和幸福感的影响非常重要。

每年，我和我的学生都会采访每一位参与我们正在进行的"乐观水平 – 免疫能力"研究的法律系学生。访谈的重点是调查他们认为哪些事物是具有挑战性的或困难的，他们是否会将自己与他人进行比较，等等。访谈从一个"热身"问题开始，这个问题原本是为了让学生们放松下来，在被问及较难的问题之前，使他们习惯这一场景。我们通常会在开始时这样问："你为什么决定报考法学院？"

我们发现，学生进法学院学习有各种各样的原因。一些人想要将法学学位当作进入另一个领域的敲门砖（例如政府），有些人是为进入家里的律师事务所作准备，还有一些人希望能够通过使用法律捍卫自己和他人的权利。有些人甚至把上法学院当作唯一目标，他们可能认为医学并不吸引人，而且获得医学博士学位需要太长时间。尽管所有学生都在朝着同一个目标努力——从法学院顺利毕业——但不同的学生有着非常不同的动机。

当你考虑自己有哪些目标时，一定要考虑自己为什么要有这些目标。自我决定理论认为人有三个基本的心理需求：成就（做得好）、亲和（与他人有联系）、自主（能自由行动）。人类幸福和健康的发展源于满足这些需求。当一个目标源自一个人自己的价值观和身份时，它就会被称为"自我决定"（自我决定理论）。自我决定的目标为我们带来了奖励和动力，也就是说，你选择的目标本身就是有回报的。源于外在性激励的目标——来源于对外部奖励的追求、为了避免内疚或羞愧，或者是因为某种规则（真实存在的或想象出来的）而不得不去实现的目标——永远不会给予我们与内在动机同样的奖励。

此外，与实现外部激励的目标相比，人们在实现内部激励的目标时能取得更好的进展，并且在实现目标的过程中感觉更好。有内在动机的学生比有外在动机的学生学得更好。有内在动机的宗教信徒比有外在动机的宗教信徒更幸福。在我们采访的法律系学生中，那些因为内在原因（他们享受学习法律，他们想帮助别人）而进法学院的学生比那些因为外在原因（我丈夫想让我赚更多的钱，爷爷一直想让我成为一名律师）而进法学院的学生能更好地适应坏境并取得更大的成功。

某些外部激励因素甚至会破坏个体的内在动机。在一个典型的例子中，当对绘画感兴趣的孩子被告知他们可以通过画出更多画来获得证书时，他们最终对绘画失去了兴趣，在获得证书后，他们花费在画画上的时间大约是以前的一半。那些意外获得证书或没有被逼着画更多画的孩子仍然对画画感兴趣。一且孩子们认为除了自己的快乐之外还应该得到某种奖励，他们就不再仅仅因快乐而感到满足。[①]

　　成年后，关于外在奖励重要性的社会文化也会破坏我们的内在动机。当学生刚进入法学院时，大多数人都会非常重视学业，因为他们认为这很重要，而且他们觉得学习很有趣、很有启发性。然而，随着在法学院不断取得进步，一些信息开始对这些学生产生影响。学生们开始越来越多地听到有关金钱和地位的故事，而很少听到关于公共服务和学术成就的讨论。因此，他们开始因为金钱或地位、因为其他人认为他们应该这样做，或者因为如果他们不这样做会感到内疚而追求某些目标。在法学院的头几个月里，学生们的内在动机下降了 25%，这种变化会导致幸福感减少，并增加他们的失眠和头痛等身体症状。当法学院的学生对法律的内在兴趣被对外在回报的期望所取代时，他们就会遭殃。

　　不幸的是，对于那些因为自己的行为而被外部激励因素吸引的人来说，这种动机上的变化对他们极其不利，因为外部激励也预示着学生们将获得低分数，低分数意味着他们在事业上获得成功的概率更低。追求外在的目标可能会弄巧成拙。

　　如果你要列一个目标清单，可能很容易把它理想化，例如：

---

① 请注意，外部激励因素对于促使孩子做一些本质上没有激励作用的事情仍然非常有用，例如倒垃圾、收拾玩具、刷牙、喂狗，等等。

> 写一本绝对会畅销的小说；
>
> 与 300 位好友保持通信联系（提示：多买些令人印象深刻的明信片）；
>
> 有 4 个完美的子女；
>
> 教 4 个完美的子女拉小提琴、中提琴、大提琴；
>
> 举办 40 岁的精致晚宴。

然而，当你考虑自己的目标时，如果你改变了自己认为好的目标或设立了一些只是为了令人钦佩的目标，那你就是在自欺欺人。如果你想学习做通心粉的艺术，你也无须感到羞愧更不要把它排除在清单外。没有人能告诉你的目标应该是什么。其他人可能想让你追求某些目标，但这些是他们的目标，不一定是你的。事实上，这两套目标是如此不同，以至于研究者将自我分成了两类：一个基于自己的价值观和目标的未来自我和一个基于他人强加的愿望、价值观和目标的未来自我。促使你前进的目标可能是你自己的，也可能是别人强加于你的。也许其他人对你应该是什么样的人有很好的想法，但是研究证据表明，当涉及幸福的时候，你自己的目标比其他人给你设定的更好。

就像目标的投入程度一样，内在动机可以使你通过简单地提醒自己来保持内在动力并长久地坚持下去。心理学家肯·谢尔登（Ken Sheldon）和他的同事们提出了一些增强内在动机的策略，这些策略可能会对你有帮助，如下所述。

1. **拥有目标**。回想目标所表达的核心价值、重要资源或理想自我。掌握做通心粉的技术能为你提供什么？它能激发你的创造欲吗？它能让你释放内心的狂野吗？

2. **将目标视为乐趣**。因为乐趣而去追求一个目标，寻找能使你最大限度地享受生活的人、时间或环境。例如，有一天我一边锻炼，一边读一本关于自我调节的有趣的书。那本书的作者写道，当他住在欧洲的时候，他的晨跑似乎毫不费力，因为他在晨跑的时候会穿过一个以赤裸上身晒太阳而闻名的公园。

3. **格局要大**。如果你开始的目标就很小（例如减重 10 斤），那么你就需要逐渐设立更宏大的目标（如活得更久、更健康）。

　　乐观的第一条法则是追求目标。乐观是一种宽容的动机，因为看到积极结果的能力增强了我们的各种动机，而悲观情绪会削弱内在动机。同样，如果我们认为自己更有可能受到外部惩罚而非奖励，悲观情绪会破坏外部激励。因为在幸福感和社会表现方面，任何动机都明显比没有动机要好，所以我们只有乐观起来才能有充分的动机和激励。将乐观信念的好处聚焦在自我决定的、内在激励的目标上，可能会进一步增强这种激励的力量，进而使目标更好地满足我们在成就等方面的需求。

资源的日益增长

当我在写这本书的时候，2005 年的新年到来了。两天后，我在《纽约时报》（*New York Times*）上看到这样一个标题：

决心：多付出一些努力，或者少付出一些努力，抑或随意做点什么。
在通往幸福的道路上是走得更快还是更慢，对自我提升的指导意见不一。

很明显，自我提升类书籍分为两大阵营：一种认为多做一些事会让你更快乐（如早起、设定目标、列清单）；另一种认为少做一些事会让你更快乐（如晚睡、放松、沉思）。我立刻想到了一本自我提升的指南书，我在想它会属于前者还是后者。而《纽约时报》的这篇文章似乎很有可能——也许是压倒性的——属于前一类，它提倡人们多参加俱乐部，如返工俱乐部、追梦俱乐部等。这个想法让我有点不以为然，因为我并不认为人们做得不够多才会不快乐。然而，我相信有时人们选错了努力的方向。

就在《纽约时报》那篇文章发表的一个月前，另一篇文章发表在《科学》（*Science*）杂志上。这篇文章的标题很吸引人：

描述日常生活经验的统计方法：每日重构法

幸运的是，调查结果比文章标题更有趣。这项调查涉及 909 份职业女性的日记，她们在日记中记录了其每天的活动、活动期间的积极情绪和消极情绪，以及她们每天参与这些活动的时间。表 8-1 是这些女性日常生活中最常见的活动，以及她们每天在这些活动上花费的平均时间。[①]

表 8-1　职业女性日常生活中最常见的活动及花费的时间

活动	平均 小时 / 日	活动	平均 小时 / 日
工作	6.9	做饭	1.1
打电话	2.5	照顾孩子	1.1
社交	2.3	做家务	1.1
放松	2.2	午睡	0.6
吃饭	2.2	祈祷 / 崇拜 / 冥想	0.4
看电视	2.2	购物	0.4
用计算机 / 电子邮件 / 上网	1.6	亲密关系	0.2
通勤	1.6	锻炼	0.2

表 8-1 显示的是一个普通人的生活，我想说我的每一天经常看起来很相似。不同寻常的是，我们将每个活动的相对时间量与活动中积极情绪和消极情绪进行了比较。如果这是我们每

---

① 由于一个人可以同时做几件事，所以每天的时间加起来会超过 24 小时；例如，吃饭和打电话，社交和工作，甚至是午睡和通勤（如果你乘坐公共汽车或火车上下班）。

天的生活，我们看起来都有点像受虐狂，因为我们花时间最多的事情往往让我们感觉最消极和最不积极（通勤、使用计算机），我们花时间较少的事大多数让我们感到最积极（如锻炼、亲密关系）。

回顾第 2 章和第 3 章，最能给我们带来快乐和幸福的活动是那些促使我们朝着目标和建立资源发展的活动。《科学》杂志刊登的这项研究很好地证明了这一原则，因为研究中的女性最快乐的时候正是她们从事这些活动的时候。这些女性在通过放松、吃饭或锻炼来建立基本资源和能量资源时；当她们通过社交或亲密关系建立社会资源时；或者当她们通过祈祷建立存在资源时，她们是最快乐的。

你在日常生活中花费时间和精力的方式与你的目标有哪些关联？如果你不能清楚地回答，或者你花费资源的方式与你的价值观不相符，那么也许是时候改变你的行为了，你需要让它们与你的目标一致。在确定你必须追求和相信自己的目标之后，我现在想告诉你，你的目标应该是什么。并不是所有的目标都会给我们带来相同的潜在好处或坏处。第一，内部激励的目标显然比外部激励的目标更适合你。第二，能为你带来资源的目标显然比无法为你带来资源的目标更适合你。

请思考如下这些学生的目标：

停止咬指甲；

省钱；

对室友要有耐心；

让妈妈因自己感到骄傲；

富有吸引力；

增强宗教信仰；

获得学位；

维系良好的友谊。

这些目标显然会帮助学生建立不同的资源。一般来说，自我决定理论认为它们是"内在的"目标（即它们满足了诸如自主、能力和关联等基本需求），而且它们比"外在的"目标（即它们对他人有价值，但对个体自身可能没有价值）能建立更好、更持久的资源。在这个列表中，内在目标包括加强与他人的联系（例如，对室友更有耐心、维系良好的友谊），它建立了社会资源；与成就相关的目标（例如，获得学位），它建立了地位资源；与个人成长相关的目标（例如，增强宗教信仰），它建立了存在资源。外在目标关注获得财富、名声或打造良好形象（例如，有吸引力）。外部目标只能构建地位资源。然而，自我决定理论会预测一些地位资源是"虚无的"——它们不是有效的资源货币。[①]虽然通过财富、名声和形象可以买

---

① 从目标本身来看，有些目标并不总是属于资源的范畴。如果你不再咬指甲只因为你想要有十几厘米的红色指甲，从而给你的美甲师和相关的指甲癖者留下深刻印象，那么这种外在的激励不会促使你建立重要的资源。另一方面，如果你为了弹古典吉他而停止咬指甲，这种内在的目标转化为更强大的能力和自主需求的方式意味着你的成功实际上可能会帮助你建立重要的资源。不管怎样，试试之前建议的握拳练习。

到尊重，但为了真正为我们提供帮助，它们需要转化为其他有意义的资源。当名人深陷困境时，他们的名声可能会转化为他人的帮助和支持，但有人很可能会以幸灾乐祸的情绪来回应。

我认为，公平地说，每个人都需要各种资源：基础生存资源、社会资源和地位资源（特别是某些地位资源，如有助于满足基本需求的知识、能力等）。除了思考你为什么要设定特定目标之外，思考你的目标"是什么"也是非常有必要的。你实现一个目标后能建立什么资源，它们的价值是什么？

重建你的一天

现在，你可能会对自己说："啊哈！我所做的事情并不一定是为了追求内在的目标，而是为了增加我的资源，让我感到快乐，原因是我必须做一些事情，例如上下班，这让我没有太多的时间去做其他事情，例如建立亲密关系。"你说得有道理。如果你看看人们必须做的事情（做饭、照顾孩子、做家务、工作、上下班），这些事情不会像他们不必做的事情（社交、看电视、小憩、建立亲密关系）那样让他们感到快乐。利用女性日常生活中积极情绪和消极情绪的差异作为"情绪平衡指数"，选择性活动平均为 3.7 分，强制性活动平均为 3.0 分。[①] 到目前为止，吃东西是最令人愉快的强制性活动，平均 3.8 分，所以如果不包括吃东西，两种活动的分数差异甚至会更大。

另一方面，如果你只在分析中包含可选的活动，那么你就会发现：我们正在花更多的时间做那些让我们不那么快乐的事情，花更少的时间做那些让我们更快乐的事情。快乐与你做得多或做得少无关而与你选择去做正确的事情有关。

当媒体报道这项研究的时候，我很惊讶地发现看电视是美国人认为最快乐的活动之一，因为这不符合科学规律。然而，当我看到最初的研究报告时，我发现尽管人们在看电视时通常很快乐，但这种快乐在可选活动中略低于平均水平。于是，我开始在平常的日子里着手做一些实验。我把看电视的时间重新分配到更积极的活动上，也就是那些有最有可能使我建立资源的活动。[②] 结果正如你所预料的那样，我的情绪平衡指数得到了提升，花在活动上的时间和情绪平衡状况之间的关系变得更加温和，所以我的快乐程度与我花在该活动上的时间并没有

---

① 总的来说，人们常体验到更多的积极的情绪（快乐、温暖、友好、享受自我），而不是消极的情绪（沮丧、烦恼、生气、敌对、担心、焦虑、批评）。即使在最不愉快的情况下，例如通勤时也是如此，积极情绪平均为 3.5 分，消极情绪平均为 0.9 分，"情绪平衡指数"为 2.6。

② 这些更积极的活动包括亲密关系（4.7 分）、社交（4.0 分）、放松（3.9 分）、祈祷或冥想（3.8 分）和锻炼（3.8 分）。我每天在这些活动中投入了额外的 24~30 分钟，以弥补过去花在看电视上的 2.2 小时。现在，这些活动可能会与看电视（例如，放松）同时进行，但为了说明，我假设没有看 2.2 小时的电视将释放出 2.2 小时做其他的事情。不用太过直白，如果不开着电视，一些其他活动可能会给我带来更多乐趣。

关系。

然后我欣喜若狂。我把时间从电脑（回复电子邮件、上网、打电脑游戏等）转移到更积极的活动上。当我这样做的时候，我的心情更加平稳了，没有了电视和电脑，花费在各种活动上的时间和情绪之间的关系最终变得积极起来，所以更多的时间最终被我花在了更愉快的活动上。人们通常在看电视、玩电脑游戏、发电子邮件等时刻感到快乐，但话又说回来，他们本应该是快乐的。平均而言，在每种情况下，参与研究的女性所拥有的积极情绪是消极情绪的 4 ~ 10 倍。如果你想充分利用你的时间，你就需要知道一项仅仅是令人愉快的活动并不意味着这是一个消磨时间的好方法。

有趣的是，那些能使个体建立地位资源的活动并不是那些能使人产生最积极的情绪的。然而，它们确实能满足我们对成就的需求。另一篇文章来自《芝加哥论坛报》（*Chicago Tribune*），它质疑了建立地位资源的活动的价值，它的标题如下。

没有什么能阻止我们：我们工作得太久，玩得太少……但谁能远离享乐水车呢？

这篇文章的核心主题显然是我们工作得太久，而且每周工作时间越来越长，由于诸如手机通信和远程访问电子邮件之类的线上沟通的方便性，我们可能根本无法逃避工作。但也有相反的观点：工作是一种有价值的、令人兴奋的经历。与休闲活动相比，工作更有可能为人们提供追求目标、积累资源、挑战自我和培养使命感的机会。但并非只有当一名白领才能让我们产生成就感。许多蓝领（例如清洁工）认为他们的工作是充实和有价值的，而有些白领只是为了赚钱而工作。

> 《芝加哥论坛报》的一篇文章的作者克里斯·琼斯（Chris Jones）承认："去年我生活中最混乱的一个周末是在纽约停电的时候，而我不得不继续工作。这件事成了后来好几个月中我与朋友的聚会上的谈资，而且那时候我感到很自豪。我猜想，急救人员和电力公司的工作人员也是如此。我们都不再为变老、爱人的健康、工作中的烦恼而担忧——这些都是我闲下来时的烦恼。在那一刻，我们觉得自己被他人所需要。总之，我们都不再觉得孤单了。"

围绕轴心不断工作的水车真的是我们通往幸福的途径吗？用水车作类比的原因在于，它包含了两种成分：努力工作和重复做同样的事情。如果你能避免在同样的工作上付出重复劳动，你就可以轻松地离开这个水车。毕竟，如果我们想要使幸福感最大化，我们必须避免的一件事就是另一种水车——享乐水车，要做到这一点，我们就必须不断地争取新的成就、更好的表现、更美满的亲密关系或更美好的未来。

我们每个人的时间和精力是有限的，我们可以随心所欲地支配它。在研究乐观主义的过程中，我开始更多地思考自己所拥有的时间和精力，以及我是否在用这些时间和精力来充实自己。如果我周四晚上没有看《急诊室的故事》(ER)，多睡了一个小时，周五有更多的精力和我的学生互动，这难道不是更好的投资吗？如果我周五少花一个小时上网，而和我的朋友们喝杯鸡尾酒，这不也是一种更好的投资吗？这可能比我一周做的其他任何事情都更能建立我的社会资源。你是如何使用你的时间和精力的？你是否充分利用了你的乐观天赋呢？

后记

一位不情愿的乐观主义者的自白

我必须承认：我仍然不渴望把自己定义为一个乐观主义者。

我已经解释过我是如何设法避开记者关于我是否乐观的问题的。在某种程度上，我不能认同人们对乐天派的刻板印象。但另一方面，大声说出自己是乐观的却有点尴尬。有一次，我试图回避这个问题，我告诉一位记者，我认为自己在一些方面相当乐观，但在另一些方面则不然。例如，我解释说，当涉及我的工作时，我有非常乐观的期望，但在其他方面，如寻找约会对象，我有更悲观的预期。这篇文章发表时最后一行写着什么？那就是"'我是个职业乐观主义者'塞格斯特伦说。"

这听起来好像是我要靠成为乐观者才能谋生一样！我受到了羞辱！我记得，至少我的一位同事因这句话向我表达了惋惜之情，他也是一位研究乐观的心理学者。我无法想象我那些研究精神病理学或歧视等"严肃"课题的同事们是怎么想的，虽然他们什么也没说，但他们可能会因为认识我而感到尴尬。

在某种程度上，我对自己被这样描述感到尴尬，因为对"积极"话题的研究，例如乐观或快乐，引来了很多研究"消极"话题的人的怀疑。人们对研究积极课题的人的刻板印象是他们不是严肃的科学家，他们与严肃的科学家不同，他们被认为有偏见会影响他们的工作。例如，他们不愿意相信他们所做的事情有任何负面影响，也不容忍任何异议（实际上，这不仅会让你失去成为严肃科学家的资格，也将使你没有资格成为任何一种科学家）。这种刻板印象把研究这些话题的人描绘成只对盲目乐观感兴趣的人，更糟的是，把他们描绘成盲目乐观而且拒绝看到任何事情的消极一面的人。

伏尔泰在他所撰写的《老实人》（Candide）一书中描写了这种对乐观主义带有偏见的印象。书中的老实人（一个诚实和天真的年轻人）有与他的导师潘格罗斯博士一样的特质。潘格罗斯有句名言："世间一切（永远）都是最好的。"作为一名好学生，坎迪德也是这样想的。老实人会因乐观获得完美人生吗？当然不会。伏尔泰"奖励"了他的乐观精神，把他派到保加利亚军队，在那里他被鞭打了 4 000 下。在书的其余部分，坎迪德遭遇了风暴、轮船失事、地震、奴隶制、更多的鞭打、战争、几乎被人吃掉、被盗、被欺骗和被监禁。最糟糕的是，当坎迪德终于与他的心爱之人团聚，为她忍受了所有侮辱时，她变成了一个丑陋的黄脸婆。这被认为是对乐观者开的一个超级讽刺的玩笑。①

　　具有讽刺意味的是，我不仅是一个所谓的盲目乐观主义者，同时也是一个怀疑论者，这让我陷入了怀疑自己的尴尬境地。几年前，一群研究"积极心理学"的心理学家开始聚在一起，他们的研究主题包括积极情绪、成长和力量。这个小组由马丁·塞利格曼（Martin Seligman）领导，他的研究兴趣包括乐观的解释风格，②他们开始举行年度峰会。我承认，我第一次参加这个峰会时，我坐在门口附近，一看到有人像潘格罗斯一样过分乐观，我就会迅速离开。但我看到的却是他们极其严肃地探讨积极心理学的各类话题，还有人论证了本书中关于让自己变快乐的想法是坏主意的主题。我确信这不是一个创造幻想的"快乐邪教"之后，我注册了这次峰会的会员。我的最好的体验之一是后来参加了一个为年轻的积极心理学家开设的"智库"。几年后，我获得了坦普尔顿积极心理学奖（Templeton Positive Psychology Prize），该奖使我的实验室中一些更具创新性的研究获得了资助，包括一些规模更大、更成熟的资助机构，例如美国国家健康研究院（National Institutes of Health）

---

①　我必须指出的是，尽管潘格罗斯医生也曾与死亡"调情"，先是染上了梅毒，后来又险些受到绞刑，但他最终还是活了下来，而且保持着乐观的心态。

②　即人们通常用什么方式来解释他们生活中的事件。尽管这种性格和性格上的乐观主义都被贴上了乐观主义的标签，但它们实际上是毫不相关的。你是否具有乐观的解释风格与你是否也是一个性格乐观主义者几乎没有关系。这可能是因为解释风格是关于已经发生在你身上的事情的，而性格乐观主义是关于将要发生在你身上的事情的。这些可以是相关的，但也不一定是完全相关的。

或美国国家科学基金会（National Science Foundation）可能会觉得风险太大的研究。

虽然我始终怀着崇尚科学之心，但其他人对积极心理学的怀疑却甚嚣尘上。积极心理学奖被批评为一种明显用贿赂吸引年轻学者进入"邪教"的噱头，就像用糖果引诱无辜的儿童一样。这些批评者显然忽略了一个事实：我获奖是因为我的研究表明，乐观可能与免疫系统的抑制有关。如果积极心理学家只对动人的好消息感兴趣，我就不会去做这样的研究了，更不用说得奖了。

我认为很多对我和其他"积极心理学家"的怀疑（包括我自己的怀疑）与某些著名的积极思维倡导者有关。我最近从我的图书馆里借了两个这样的倡导者的作品，他们是神学家诺曼·文森特·皮尔（Norman Vincent Peale）和外科医生伯尼·西格尔（Bernie Siegel）。皮尔是《积极思考的力量》（*the Power of Positive Thinking*）一书的作者，我借的那本书是皮尔的另一本著作——《今日积极原则》（*The Positive Principle Today*）。当我读到序言时，我想我可能在几十年前就有了知音，因为皮尔写道，他给人们的建议是"坚持不懈"。这听起来很像我对乐观主义的理解——乐观者"坚持不懈"的倾向引发了乐观的许多积极后果。然而，当我继续阅读时，我发现这本书关注的是保持积极态度的效果。在书中讲的一系列关于成功人士的故事中，积极思维会具有强大的力量正是因为这种思维本身。甚至在标题为"如果你不断尝试，你就能创造奇迹"

的章节中，也主要主张坚持把这些奇迹形象化，而很少讨论它们应该如何被实现。

这本书让我想起了我在读研究生时的一个同学，她是一位痴迷于这种神奇疗法的护士。有一天刚上课的时候，她提到自己的一位病人曾经接受过癌症治疗，并被告知他将无法生育。这个病人和妻子祈祷能有一个孩子，后来她终于怀孕了。当时，我脱口而出："我敢打赌，他们不只是在祈祷！"在研究生研讨会上说这句话有点尴尬，但关键是诺曼·文森特·皮尔把一切交给上帝的原则可能不是全部问题的解决方案。还要记住本杰明·富兰克林的原则：自助者天助之。

皮尔的书中充满了通过积极想象实现奇迹的人的例子。在这方面，它与伯尼·西格尔的书《爱，医学和奇迹》（*Love, Medicine and Miracles*）非常相似，书中也充满了积极的病人和医生如何奇迹般地治愈疾病，消极的病人和医生如何因小病病逝的例子。值得注意的是，这些书中缺乏那些没能成功地将奇迹变成现实的例子。作为一名研究生，我为一个关于癌症适应的研究项目采访了病人。在研究期间，我的一位病人去世。我去年采访她的时候在医院，当时她正在与疾病和治疗的副作用对抗，家人和朋友帮助她把饭菜从外面带进来（她觉得自己有太多其他事情要处理，不能吃医院的食物）。她告诉了我她和她的丈夫要周游世界的计划。她的奇迹在哪里？西格尔的论点在她身上似乎不再适应是她没有足够的希望，还是她不相信自己能战胜疾病？

正是这种疑问让研究人员想要尽可能远离积极心理学大师。科学家们花了毕生的时间试图找出人类心理的运作机制。在过去的 10 年里，我学到了很多关于乐观主义的知识，所以我写出了这本书。而在我积累了足够的科学知识来写另一本书之前，可能还需要 10 年（或更长的时间）。完成这项研究需要时间，尤其是因为科学家们通常没有足够的信心发布他们的科研结果，直到他们搜集到足够的证据为止。还记得第 5 章中的体育项目的类比吗？你不会想说新奥尔良圣徒队（没参加过超级杯，更别说赢过比赛了）是一支比新英格兰爱国者队（谁在过去 3 年里参加了 3 次超级杯，并赢了两次）更好的球队，因为前者赢了他们本赛季的第一场比赛，而后者输了他们的比赛。要踢完这个赛季并找出谁是真正更好的球队需要很长时间。

对乐观主义对健康的影响进行研究，会让一个人觉得自己有点容易被归为拥有积极思考、爱和力量的一类人。尽管如此，我已经接受了这样一个事实：我既是一个乐观的科学家，也是一个乐观主义者。几年前，我在与其他几位积极心理学家互动的过程中受到启发，做了一份问卷来衡量我的乐观水平。幸运的是，作为一名学者，我的优点是热爱学习，具有优秀的鉴赏力，对世界充满好奇，还有幽默感。我最后的测评结果是乐观，我给它做了这样的定义："你期待最好的未来，并努力实现它。你相信未来是自己可以控制的。"我喜欢这种乐观的定义，因为它直接从对未来的积极思维延伸到最重要的结果：

努力创造那个未来。

所以，我将勇于面对愤世嫉俗者的嘲笑和质疑，并承认我是一个乐观主义者。无须等乐观来熏陶我，我宁愿提供一个不同的 12 个步骤来证实这种乐观，如下所述。

1. 相信美好的事情会发生在我身上。

2. 努力让对未来的美好期望成为现实。

3. 当遇到障碍时，仔细研究它们并努力消除它们。

4. 总是有新的工作目标，从而使我们摆脱享乐水车的限制。

5. 专注于能使我建立基本资源、社会资源、地位资源和生存资源的目标。

6. 优先实现对我来说重要的目标。

7. 相信别人身上有许多优点，并向他们学习。

8. 为了实现我的目标而运用基本资源，既不吝惜时间和精力，也不去白白浪费它们。

9. 在一天当中充分利用我的目标和资源。

10. 睡好、吃好、补充能量。

11. 乐观不是万能的。

12. 远离赌博机。

致谢

本书收集了一群研究乐观和幸福的科学家的智慧。我有幸亲自了解和请教了这群研究者。我特别感谢我在加州大学洛杉矶分校的导师们，尤其是谢莉·泰勒（Shelley Taylor）和玛格丽特·凯梅尼（Margaret Kemeny）。我的同事们为我提供了很多激励和灵感，尤其是艾库玛尔（Akumal）的校友和积极心理学网络中心的朋友们。我在肯塔基大学的学生们尤其是研究生们的勤奋工作、对学习的热爱、对研究的热爱和对乐观科学的热爱为本书的出版作出了巨大贡献。

做科研并不便宜，我的有关乐观主义的研究得到了美国国家健康研究所（NIH）、诺曼·卡曾斯心理神经免疫学项目、肯塔基大学和坦普尔顿积极心理学奖的资助。英国和美国国家健康研究所（NIH）的联合支持使我能专心完成写作。感谢以上所有组织的支持。

在本书得以出版之际，我还要感谢洁·吉芬（Jai Giffin），他很赞同我写这本书，在紧张的写作过程中帮我打理杂务，在最后的修改过程中给了我灵感；感谢凯蒂·摩尔（Kitty Moore）和克里斯·本顿（Chris Benton），他们帮助我找到了写作的动力；莉斯·朗格（Liz Large）帮我处理法律事务；我也要感谢所有曾为我读过前几章内容并提出意见的读者包括我的母亲，感谢他们的鼓励。

版权声明